蛋鸡实用养殖技术
与疾病防治

主　编　何　航　罗永莉　向邦全
副主编　廖勤丰　黄石磊　万　向　李帅军
　　　　章　杰　李文娟　周　科

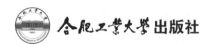

合肥工业大学出版社

图书在版编目（CIP）数据

蛋鸡实用养殖技术与疾病防治/何航，罗永莉，向邦全主编.—合肥：合肥工业大学出版社，2022.8

ISBN 978-7-5650-5388-7

Ⅰ.①蛋… Ⅱ.①何…②罗…③向… Ⅲ.①卵用鸡—饲养管理②卵用鸡—鸡病—防治 Ⅳ.①S831.4②S858.31

中国版本图书馆 CIP 数据核字（2021）第 146368 号

蛋鸡实用养殖技术与疾病防治

何 航 罗永莉 向邦全 主编　　　　　　责任编辑 王 丹

出 版	合肥工业大学出版社	版 次	2022 年 8 月第 1 版
地 址	合肥市屯溪路 193 号	印 次	2022 年 8 月第 1 次印刷
邮 编	230009	开 本	787 毫米×1092 毫米 1/16
电 话	基础与职业教育出版中心：0551-62903120	印 张	9
	营销与储运管理中心：0551-62903198	字 数	164 千字
网 址	www.hfutpress.com.cn	印 刷	安徽昶颉包装印务有限责任公司
E-mail	hfutpress@163.com	发 行	全国新华书店

ISBN 978-7-5650-5388-7　　　　　　　　　　定价：32.00 元

如果有影响阅读的印装质量问题，请与出版社营销与储运管理中心联系调换。

编　委　会

主　编　何　航（重庆三峡职业学院）

　　　　　罗永莉（重庆三峡职业学院）

　　　　　向邦全（重庆三峡职业学院）

副主编　廖勤丰（重庆三峡职业学院）

　　　　　黄石磊（重庆三峡职业学院）

　　　　　万　向（重庆三峡职业学院）

　　　　　李帅军（重庆市农业学校）

　　　　　章　杰（西南大学）

　　　　　李文娟（重庆三峡职业学院）

　　　　　周　科（重庆市农业学校）

参　编　朱　燕（重庆市畜牧技术推广总站）

　　　　　张　科（重庆市畜牧技术推广总站）

　　　　　杨东旭（贵州省思南县张家寨镇畜牧站）

　　　　　田　旭（中国农业科学院麻类研究所）

　　　　　熊子标（贵州大山生物科技有限公司）

　　　　　潘　晓（重庆市合川区畜牧站）

　　我国蛋鸡产业的发展始于20世纪70年代末，虽起步较晚，但发展迅速。目前，我国蛋鸡养殖量居全球第一，蛋鸡产业从业人员已超过1000万人，包括孵化、雏鸡、鸡蛋、蛋品加工在内的蛋鸡业年产值也已突破1500亿元。同时，我国蛋鸡养殖规模的不断扩大也促使了为其服务的饲料、兽药和疫苗等相关产业的快速发展，增加了社会从业人员的就业渠道和就业机会。然而在生产实践中，有的养殖户由于对蛋鸡的科学养殖缺乏必要的知识，生产达不到应有的水平；有的养殖户因没有严格执行动物防疫制度，鸡群发生重大疫情，导致严重的经济损失。为了提高广大养殖者的科学养殖水平，编者编撰了《蛋鸡实用养殖技术与疾病防治》一书，力图通过本书传播蛋鸡的科学养殖知识和信息，帮助养殖者在鸡蛋生产中取得更大的经济效益。

　　《蛋鸡实用养殖技术与疾病防治》共分七章，包括绪论、蛋鸡品种介绍、蛋鸡的繁殖与人工孵化、蛋鸡营养需要与饲料配合、鸡场的规划建设与环境控制、蛋鸡的饲养管理技术、蛋鸡常见疾病防控，内容涵盖蛋鸡养殖的场址选择布局、不同阶段蛋鸡的饲养管理、种蛋孵化技术、蛋鸡常见疾病的诊断及防治技术等。本书编者既有一定的理论基础，又有较丰富的实践经验，在编写过程中，力求将科学理论与实践相结合，使本书更具有可操作性。同时本书图文并茂，内容全面，以生产需要为重点，内容循序渐进，浅显易懂，突出实用性、针对性和通俗性等特点。《蛋鸡实用养殖技术与疾病防治》可供规模化蛋鸡场员工、养鸡专业户、兽药企业技术员、农户及初养者等阅读、参考、使用和指导生产。

由于编者水平有限，加之编撰时间仓促，本书难免有不妥之处，敬请广大读者和同行不吝指正。

蛋鸡实用养殖技术与疾病防治

第一章 绪 论

第一节 中国蛋鸡产业发展概况

一、我国蛋鸡产业发展概况

我国蛋鸡产业起步于20世纪70年代末，虽然起步较晚，但其发展迅速，从1985年开始，我国禽蛋产量超过美国位居世界第一，且长期以来始终保持世界首位。根据联合国粮农组织（FAO）的统计，我国鸡蛋产量在2007年已达到2200万吨，占世界鸡蛋总产量的40%以上，按同期人口计算，我国人均鸡蛋年占有量达16.5千克，相当于每人具有一只鸡的年产蛋量的消费水平。2018年我国鸡蛋产量更是高达2659万吨，是1985年的5.85倍（图1-1）。在20世纪80年代，我国蛋鸡产业的生产主体以国营城郊副食基地为主，生产的主要目的是丰富城镇居民的菜篮子。20世纪90年代，随着农民养鸡的兴起，我国蛋鸡产业逐步形成以农民养殖为主的农村密集饲养，产区集中在粮食产区、气候适宜地区及交通干线附近。经过40多年的发展，我国蛋鸡产业已基本完成向良种化、专业化、设施化和市场化的演进，形成了较为完善的业内分工体系，产业链发展迅速，并且成为畜牧行业专业化、设施化和高效生产的典范（图1-2）。

然而，我国蛋鸡产业总体上依然以小规模养殖为主，存在饲养管理不规范、设备设施简陋、疾病多发、生产效率不高等问题，这与养殖规模及鸡蛋产量均稳居世界第一的身份极不相称。

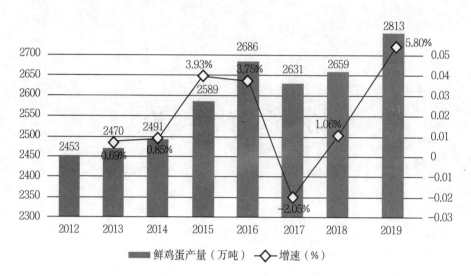

图1-1　2012～2019年我国鲜鸡蛋产量情况及增速

（引自中国畜牧业协会，2019）

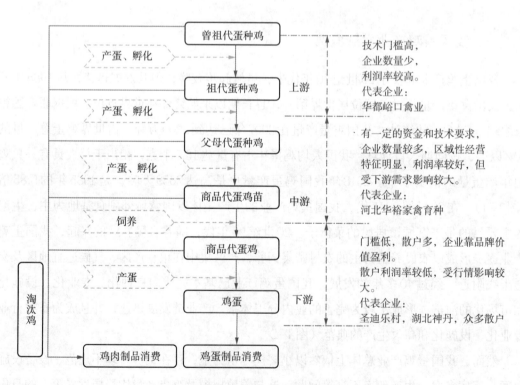

图1-2　中国蛋鸡产业链图示

（引自黄劲文，鸡蛋产业运行特征及行情分析与展望，2014）

二、我国蛋鸡产业的生产模式

1. 笼养

（1）大规模集约化养殖

国内大规模集约化蛋鸡养殖代表企业有北京德青源、北京正大、华裕集团、大连韩伟等。随着资本进入蛋鸡产业，这种集约化鸡场呈现增加趋势。该模式下所饲养的品种以海兰、罗曼、伊莎等进口品种和京红一号、京粉一号、农大三号等国内培育品种为主，场区规划布局合理，鸡舍采用全封闭式结构，多采用8层层叠笼养，单栋饲养量为5万～10万羽（图1-3）。养殖设备大多来自侨太、大荷兰人等世界知名的畜禽设备供应商，在饲喂、环境控制、集蛋、清粪等方面都实现了自动控制，劳动生产效率极高。生产管理规范、科学，部分已经实现蛋品质量可追溯。养殖中产生的废弃物基本实现无害化处理，鸡粪主要用作有机肥或沼气生产，提高了养殖附加值。随着动物福利研究的不断深入和推广，开放式笼养模式也成为规模化蛋鸡生产的主流（图1-4）。

图1-3 层叠式笼养
（引自 The HSUS，2009）

（2）中小规模标准化生产模式

虽然大规模集约化、自动化生产模式显著提高了蛋鸡生产效率，但投资和维护费用巨大，针对生产规模在5万～10万羽的蛋鸡养殖场而言，更适用的是中小规模标准化生产模式。该模式中较为典型的是湖北省畜牧技术推广总站推广的"蛋鸡153标准化养殖模式"。其鸡舍类型主要为有窗式密闭舍，内设4列3层或4层阶梯式

图1-4 开放式笼养
（引自 The HSUS，2009）

鸡笼，1栋蛋鸡舍存栏饲养蛋鸡5000羽以上，配以湿帘-风机系统、自动喂料机和自动清粪机3套设备。如此，既能提高工作效率，又便于控制舍内环境条件，也有利于开展标准化养殖和防疫。目前，我国蛋鸡生产大部分采用该模式。

（3）养鸡专业户

农户小规模分散生产和经营模式，在20世纪80年代为促进我国蛋鸡产业发展、增加鸡蛋产量、提高农民收入、推动农村发展起到了至关重要的作用。但是，小规模养殖场过于简陋，管理缺乏标准，造成产品品质参差不齐、疫病防控难度大、产品可追溯性差，给食品安全带来了一系列隐患。随着人们物质生活水平的不断提升和我国社会主义市场经济建设的不断深入，特别是在经济全球化、贸易全球化的国际大背景下，这种模式越来越不适应我国蛋鸡产业发展，亟须进行改革和发展。

2. 生态散养

随着消费者越来越重视食品的营养、安全，以及动物福利理念的提出，蛋鸡的生态散养模式在我国正以"星火燎原"的速度推广开来。此模式下的蛋鸡在放养中只要配以简易的棚舍作为夜间休息场所即可，大大降低了鸡舍建设成本。根据饲草实际情况灵活放养一定数量的鸡群，白天将其放养于丘陵、林下、果园等野外环境中，以"放牧为主，补饲为辅"的形式开展饲养管理。饲喂、拣蛋与清粪全部采用人工形式，生产自动化程度较低，但成本投入较少，且能提高鸡蛋品质，鸡粪还能还田，从而实现了种养结合，减轻了养殖业发展对环境的污染。

三、我国蛋鸡产业存在的问题

1. 我国蛋鸡产业存在一定程度上的产能过剩

2000年以后，我国蛋鸡产业逐渐发展成熟，总饲养规模没有明显扩张。但因我国蛋鸡产业以分散养殖为主，且缺乏行业规范，使养鸡总量难以得到有效控制，长期以来总产能呈现出一定程度的过剩。祖代、父母代、商品代三代蛋鸡都呈现出产能过剩，超出市场实际需要的20%。产能过剩的危害主要表现为资源的浪费，以及导致供求市场长期出现供大于求的现象，从而使得蛋鸡产品市场价格长期处于低位，不利于蛋鸡产业的利润提高和可持续发展。

2. 小规模分散养殖应对市场风险的能力较弱

目前，小规模养殖仍是我国蛋鸡养殖的主要力量，小规模分散养殖的投机性较强，不利于保证鸡蛋市场的稳定均衡供应。同时，在激烈的市场竞争中，传统小规模养殖户更容易遭受风险，无法与大规模养殖抗衡。尤其表现在疫病的防控上，调查表明，造成部分蛋鸡养殖户效益低的主要原因是疫病风险和成本上升。疫病是近年来蛋鸡养殖效益持续下降的主要原因：小规模养殖户蛋鸡疫病防控水平较低，容易遭受疫病袭击，一旦蛋鸡患病，该养殖周期的蛋鸡经营效益就会立刻从预期的微利变为现实亏损。

3. 成本提高制约产业发展

我国蛋鸡产业的发展特征取决于主导产业发展的一些重要经济技术因素，而这些经济技术因素也将进一步强化当前的发展特征，并主导我国蛋鸡产业的发展趋势。通过对我国蛋鸡产业现状的分析可以发现，我国蛋鸡产业的劳动力逐渐被以机械化、智能化为主要特征的现代技术所取代。这虽然减少了对劳动力的依赖，却导致了人工成本的增加。在养殖户和企业数量众多的养殖产业中，饲养一只鸡的收入水平取决于市场，利润水平取决于成本，成本的增加主要表现在饲料、设备、人工、技术等方面，这些导致了蛋鸡养殖利润目前仍较微薄。

4. 我国蛋鸡产业欠缺一定的国际竞争力

首先，出口目标市场过于集中，不仅使我国禽蛋出口贸易容易受贸易伙伴国的经济发展情况的影响，并随之发生波动；而且过于狭窄的出口目标市场，也严重制约着我国禽蛋出口贸易的发展，一旦国际经济发展受阻，将会对我国禽蛋出口产生很大的消极影响。

其次，蛋鸡品种仍以进口为主，缺乏自主创新能力。目前在国内市场占主导的蛋鸡品种是海兰，占有率在50%左右，国内自主培育的品种农大3号矮小型蛋鸡，京红、京粉系列，京白939等的饲养量大约占25%。我国蛋鸡品种长期依赖进口，种源权大多掌控在外企手中，导致我国规模庞大的蛋鸡产业受控于国外的蛋鸡育种公司。与此同时，20世纪90年代中期以后，几乎所有的商品代蛋鸡养殖都集中到了农村，由于受传统鸡蛋消费模式的影响，目前养殖户建立产品品牌的意识较差，落后于消费市场对蛋鸡产品发展的要求。蛋鸡产品属性不全，没有外在标识，无法区分内在品质，达不到相关卫生标准，低质低价，导致小农户无法跨越品牌蛋鸡产品经营的门槛。

四、我国蛋鸡产业发展建议

1. 提升蛋鸡养殖水平

推广高效、安全养殖技术，提升蛋鸡养殖水平，建议重点开展以下三项工作：一是推进蛋鸡养殖规模化、标准化。改变"小规模、大群体"的发展模式，提高蛋鸡养殖规模化，充分利用标准化示范场的作用，借力新技术、新设备的推广应用，加快标准化建设。

二是鼓励升级蛋鸡养殖设施、设备。激励高校、科研院所和企业开展有关蛋鸡养殖设备智能化的研究，促进设施、设备的智能化和与物联网技术的充分融合。鼓励并扶持蛋鸡养殖场（户）采用智能化设施、设备，加强对投入品的自动化、智能化的控制管理与实时记录，实现蛋鸡产品安全、环境生态安全、养殖生物安全的智慧管理及预警。三是建立完善的疫病综合防控体系。引导养殖场（户）加强生物安全体系构建，树立养重于防、防重于治、养防结合的理念。组织高校、科研院所加快疫苗研发进度，提升疫苗研发效率，保障蛋鸡产业平稳发展。

2. 加强食品监管

蛋鸡产品的质量直接影响消费者的生活品质和安全，需要加强监管：一是对于大型养殖场，对蛋鸡养殖过程及蛋品加工过程实施全程监督；二是对于中小型养殖场，增加抽检批次和加强抽检力度，并鼓励建立喷码追溯体系；三是在制定严格的蛋品生产标准的基础上强化有效监督，政府部门应健全并完善蛋品质量监管体系，制定并颁布蛋品生产质量标准指南及相关的监管条例，监督蛋品从生产、加工到储运整个链条的质量安全。

3. 打造品牌竞争力

着力打造、培育我国蛋品品牌，促进蛋品产业健康、快速、可持续发展。具体来说：一是加强我国蛋品企业品牌保护体系建设，完善支持和鼓励品牌发展的政策、制度和服务体系，促进品牌培育专业人才队伍逐步壮大和品牌宣传普及面不断拓宽；二是做大做强知名蛋品品牌，引导蛋品企业改进竞争模式，提高产品质量，在学习国外先进技术的同时，加强自身的技术创新，促进知名蛋品品牌实现价值升级，增加品牌附加值；三是积极培育国际知名蛋品品牌，将我国蛋品产业优势与国际需求，特别是与"一带一路"倡议相结合，鼓励有竞争力的蛋品企业"走出去"，引导蛋品企业在国际贸易中使用自主商标，推进国内品牌向国际市场延伸。

4. 推进种养结合

蛋鸡养殖废弃物资源化利用的关键在于与市场的对接，推进种养结合，需要做到：一是建立不同区域实施种养结合的养分平衡技术标准与操作规范；二是完善种养结合与粪污资源化利用的相关农业基础设施，发展壮大农机具设施设备产业，并能支撑上述需要，基本实现农机化作业，明显提升劳动效率；三是健全种养结合产业链各方的市场机制，包括养殖业、种植业、设施设备产业、肥料产业以及第三方服务产业；四是建立相关主管部门对粪污是否科学规范地实现资源化利用的效果评估与监管机制。

第二节 世界蛋鸡产业发展概况

一、鸡蛋产量

中国是全球最大的鸡蛋生产国，产量约占全球的35.2%，其他主产国有美国、印度、墨西哥和日本，占比分别为8.6%、5.7%、3.7%和3.6%，这5个国家的合计产量占比为56.8%。

从全球范围来看，鸡蛋产量基本呈现缓慢增长的趋势，1991~2000年的平均增速为3.97%，2000~2010年的平均增速为2.40%，2010~2017年的平均增速为1.86%，增速明显放缓。2017年全球鸡蛋产量达8008.9万吨，仅比2016年增长1.39%（表1-1）。西方国家蛋鸡产业的集中度、品牌化程度高，深加工能力强，目前其关注点已开始由蛋鸡产品质量向蛋鸡动物福利方面转变。

表1-1　全球部分国家或地区2000~2017年鸡蛋产量　　　　单位：万吨

国家或地区	2000年	2005年	2010年	2015年	2016年	2017年	2018年
全球	5114.0	5668.6	6424.0	7667.9	7896.8	8008.9	8217.0
美国	501.7	535.0	543.7	575.7	604.7	625.9	646.6
印度	203.5	256.8	337.8	431.7	456.1	484.8	523.7
墨西哥	178.8	202.5	238.1	265.3	272.0	277.1	287.2
日本	253.5	248.1	251.1	252.1	256.2	260.1	262.8
俄罗斯	189.5	205.0	226.1	235.7	241.3	248.4	251.9
巴西	150.9	167.5	194.8	226.1	228.2	254.7	284.4
印度尼西亚	64.2	85.7	112.1	137.3	148.6	152.7	206.6
伊朗	58.0	75.9	76.7	77.7	81.0	78.2	80.2
土耳其	84.4	75.3	74.0	104.5	113.1	120.5	96.3
法国	98.8	93.0	94.7	97.0	96.0	95.5	84.3
乌克兰	49.7	74.8	97.4	96.0	85.5	88.7	93.7
马来西亚	39.1	44.2	58.7	77.9	82.1	85.8	87.2
德国	90.1	79.5	66.2	80.1	81.8	82.6	84.6

（续表）

国家或地区	2000年	2005年	2010年	2015年	2016年	2017年	2018年
西班牙	65.8	70.8	81.2	80.5	81.5	82.6	84.0
哥伦比亚	38.6	49.2	58.5	72.9	76.9	79.9	82.1
巴基斯坦	34.4	40.1	55.6	72.1	76.1	80.3	81.4
意大利	68.6	72.2	73.7	70.7	74.5	74.0	80.0
英国	56.9	60.9	65.8	69.9	72.2	75.2	78.3
荷兰	66.8	60.7	67.0	73.9	71.6	72.0	71.6
韩国	47.9	51.5	59.0	72.1	71.3	71.5	73.3
阿根廷	32.7	38.9	55.4	76.5	80.2	81.3	82.9
泰国	51.5	46.9	61.3	68.1	68.0	69.0	110.2
波兰	42.4	53.6	61.8	58.2	58.9	59.5	62.1
缅甸	11.2	18.7	34.2	51.0	54.2	42.9	42.9
埃及	17.7	23.5	29.1	45.9	42.5	51.0	50.3

（引自FAO, 2019）

二、鸡蛋消费量

根据FAO数据统计，2018年全球蛋鸡存栏为38.5亿只，其中亚洲占60%，美洲占20%，欧洲占15%，非洲占4.5%，大洋洲占0.5%。全球鸡蛋产量为6850万吨，全球的鸡蛋自给率，美国为105%，中国为100%，英国、澳大利亚、德国的鸡蛋自给率较低，瑞士最低，不足10%。全球人均鸡蛋消费230个/年，墨西哥最高，人均达352个/年，而2000年全球人均鸡蛋消费仅157个/年。由此可见，在不到20年的时间里，全世界人均年消费鸡蛋个数增加了46.5%。

带壳鸡蛋是禽蛋类初级产品的重要组成部分，1961～2010年全球带壳鸡蛋产量占禽蛋类初级产品产量的90%以上（表1-2）。鸡蛋因具有营养价值高、所含营养成分丰富、食用方便、口味极佳等特性，既可直接食用也可用于制作加工品。2009年世界鸡蛋总消费量为6798.3万吨，直接食用量为5929.1万吨，占87.2%；用作鸡苗和损耗的量分别为434.5万吨和283.5万吨，占6.4%和4.2%，三种方式占总消费量的97.8%，而库存、饲用和加工的量则非常少。表1-2数据显示，自1961年以来直接食用的鸡蛋量所占比重逐渐下降，

2001～2009年直接食用量平均为5524.5万吨，占总消费量的87.9%，鸡苗使用量和损耗量所占的比重均有不同程度的增长。

表1-2　1961～2009年世界鸡蛋消费状况

消费方式	1961～1970年		1971～1980年		1981～1990年		1991～2000年		2001～2009年	
	数量/万吨	份额/%	数量/万吨	份额/%	数量/万吨	份额/%	数量/万吨	份额/%	数量/万吨	份额/%
生产量	1730.0	100.0	2378.5	100.0	3219.2	100.0	4803.6	100.0	6286.7	100.0
食用量	1585.6	91.7	2159.9	90.8	2885.5	89.6	4264.6	88.8	5524.5	87.9
鸡苗量	79.1	4.6	124.7	5.2	188.8	5.9	286.0	6.0	389.9	6.2
损耗量	57.2	3.3	84.6	3.6	123.7	3.8	199.6	4.2	283.5	4.5

注：表中生产量、食用量、鸡苗量及损耗量为各阶段的平均值。

（引自张琳、刘合光，世界蛋鸡产业发展历程与趋势预测，2012）

三、蛋品加工与贸易

荷兰、法国、美国、日本等国是蛋制品加工业很发达的国家，有30%以上的鸡蛋被加工成蛋制品。从蛋品贸易方面看，2016年，欧盟成员国蛋品进出口贸易量占全世界蛋品贸易总量的68%。德国是世界蛋品进口第一大国，进口量占世界蛋品进口总量的近1/4；蛋品进口量居第二位、第三位的是荷兰、法国。荷兰是世界蛋品出口第一大国，出口量占世界蛋品出口总量的1/4；蛋品出口量居第二位、第三位的是西班牙、德国。

四、部分国家蛋鸡产业生产现状

1. 美国蛋鸡产业

（1）养殖规模与区域布局

2018年美国蛋鸡存栏量为3.38亿羽，鸡蛋自给率为103%。大笼饲养占比86.1%，棚舍平养占比4.6%，自由放养占比0%，有机饲养占比9.3%。饲料价格提高，蛋鸡饲料成本由上年同期每打鸡蛋32.32美分增加到34.23美分，增加了5.9%。鸡蛋平均价格有所上涨，2018年1～6月白壳鸡蛋平均价格为每打108.3美分，比上年同期提高155.3%。2018年美国蛋品出口有所增长，1～5月美国蛋品出口量比上年同期增加了7.1%，其中加工蛋

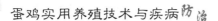

蛋鸡实用养殖技术与疾病防治

品出口量增加5.0%，带壳蛋出口增加10.6%。蛋品出口量占蛋品产量的3.4%。年人均鸡蛋消费276.7个，比上年增长0.3%。

从变化趋势看，50年来，美国北部蛋鸡生产增长较快，南部及东北部呈下降态势，西部基本没有变化。具体为：北部包括艾奥瓦州在内，蛋鸡存栏量占比由42%增长为54%；西海岸基本没有变化，仍然为10%；南部、东南部、东北部均有所减少，南部由15%减少至11%，东南由15%减少至12%，东北部由18%减少至13%。这主要与玉米的产地有关，作为玉米主产区的北部，1960年以来蛋鸡生产呈明显的上升趋势。

（2）饲养方式

①高床饲养系统。每栋饲养规模一般介于8万～12.5万只，蛋鸡在笼上，鸡粪在笼下。多采用负压横向通风方式，进风口位于鸡舍屋檐口处，通过设置在堆粪区侧墙上的风机排风（图1-5）。根据日常管理措施的不同，鸡粪堆放在养殖区下方的堆粪区内的时间通常可达1年。并且，通过机械翻堆与循环风扇对鸡粪进行干燥，最后在适宜季节将鸡粪还田。

②传送带清粪系统。传送带清粪系统的鸡舍一般采用叠层笼养，每层鸡笼下配有粪便传送带，每栋饲养规模约20万只。鸡粪由传送带运送到一端的清粪区，每天或者每3～4天向舍外清理一次。同时，在鸡场外设置贮粪池或者进行鸡粪堆肥处理。由于该系统可以及时将鸡粪清理出鸡舍，与高床饲养相比，可以显著改善舍内空气质量以及减少舍内NH_3等有害气体和粉尘向舍外排放，但传送带清粪系统造价较高，通常要比高床饲养系统高出50%。

图1-5　高床饲养蛋鸡舍外景
（引自辛宏伟，美国蛋鸡产业发展现状与研发机遇，2012）

③栖架养殖模式。蛋鸡产完蛋后可以到笼子各层及两列笼之间的地面垫料上自由活动，蛋鸡的活动空间明显增大，但是鸡舍内粉尘会明显增加，这是一种笼养和舍内散养的结合方式。该模式生产的鸡蛋价格是笼养的2倍，虽然养殖利润可观，但是销售量有限，只有3%的市场份额。从高床多层笼养和栖架养殖两种模式的饲养效果来看，饲养日产蛋率和成活率无显著差异，根据实际生产数据显示，换羽之前两种模式的周死淘率分别为0.13%和0.14%。与完全笼养相比，栖架养殖模式采用的换羽技术不易操作，因此生产周期会缩短。另外，无笼栖架饲养的鸡舍利用率低，饲养密度降低50%以上，使用的人工也比较多。

④富集笼养方式。富集型鸡笼又称丰富型鸡笼、改良型鸡笼或装配型鸡笼，是在传统鸡笼的基础上发展起来的。富集型鸡笼除了提供传统鸡笼应有的饲槽、饮水器、集蛋槽、集粪板等装置外，还增加一些满足蛋鸡行为和福利要求的装置，包括栖木、产蛋箱、垫料区和磨爪棒等，从动物福利出发尽可能满足蛋鸡的生物学特性。富集型鸡笼根据鸡笼的体积和饲养密度的不同，可分为小型富集笼（1~12只/笼）、中型富集笼（15~30只/笼）和大型富集笼（31~60只/笼）。富集笼设施增加，饲养密度降低，使单位面积的生产成本增加，产出效率和经济效益降低，但综合考虑动物福利和环境因素，此种饲养方式不失为一种相对集约高效的生产方式。

2. 欧盟国家蛋鸡产业

（1）生产现状

根据欧盟2018年数据，2018年欧盟鸡蛋产量约为730.9万吨，比上年增加2.5%。2018年1~11月欧盟鸡蛋价格比上年同期降低了30.5%，鸡蛋消费量基本与2017年持平。2018年欧盟各国蛋品出口量继续减少，出口15.8万吨，比上年同期减少了2.8%。1~9月欧盟蛋品进口2.24万吨，比上年同期增加了69.5%。

（2）福利养殖

欧盟于2012年1月1日全面禁止传统的蛋鸡笼养方式，即在欧盟任何一个国家养殖蛋鸡，必须选择下列几种饲养方式中的一种：大笼饲养、自由散养、舍内平养、有机饲养。欧盟成员国共有27个，其中有14个国家未能在2012年1月1日的最后期限如期执行旧式鸡笼禁令。这14个国家的鸡蛋生产量占欧盟鸡蛋总产量的14%。根据欧洲委员会的最新统计数据，目前全欧洲仍有4600万只母鸡被饲养在已被列为非法工具的旧式鸡笼中。荷兰采用非笼养方式占比最高，为54%；其次为英国和德国，分别为40%和37%。德国在2009年底逐步淘汰传统笼养；奥地利早在2008年底前就已限制传统笼养；瑞典在

1989年决定逐步限制传统笼养，到2002年已停止采用传统笼养；比利时已在2012年前限制传统笼养，预计将在2024年前限制大笼饲养。

（3）传统笼养与福利养殖模式对比

① 装配型鸡笼与传统笼养。装配型鸡笼也称富集型鸡笼，是传统笼具和福利设施相结合的一种福利化鸡笼（图1-6）。它仍然属于一种笼养系统，保留了笼具的基本特征，具有群体小、鸡体与粪便分离的优点，同时又提供了一些与散养条件下类似的福利设施。与普通笼具相比，装配型笼具是一种类似于"单元房"的养殖笼具，为蛋鸡提供了更大、更丰富的活动空间。传统笼养要求最低地面面积为550平方厘米/只，而装配型鸡笼按照规定必须为蛋鸡提供750平方厘米/只以上的地面面积以便蛋鸡活动并且表达一些舒适行为。并且笼中不仅仅是单调的铁丝网以及饮水系统，而是装配了产蛋区、栖息区、刨食区三个生活区，每个分区都有相应的设施如产蛋箱、栖杆、沙浴槽或磨爪垫供蛋鸡使用。

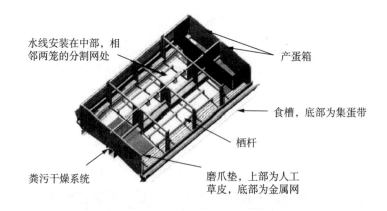

图1-6　大型装配型鸡笼构造图

（引自Lay，Towards a happy hen life，proud farmers and a satisfied society，2015）

② 舍内散养系统与传统笼养。舍内散养系统分为单层散养系统、多层散养系统。单层散养系统在国内一般称为平养系统，如图1-7所示。这种饲养方式由来已久，是笼养出现以前蛋鸡的普遍饲养方式，与笼养相比投资较低，其特点是在舍内地面或架高的平面、网面上铺设垫料，鸡只饲养于垫料之上。鸡只可以在整个鸡舍自由活动，与传统笼养相比，平养系统大大提高了蛋鸡的活动空间。目前，较为常见的做法是将鸡舍地面全部或部分设置为垫料地面，另一部分为漏粪地板，漏粪地板底部设有积粪池。漏粪地板之上布置料线和水线，与垫料分开以避免污染、湿润垫料，导致垫料出现问题。

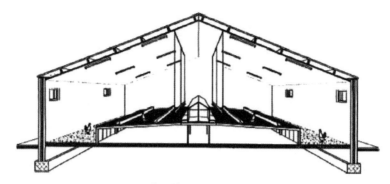

图1-7 典型单层散养系统鸡舍剖面图

（引自Lay，Towards a happy hen life，proud farmers and a satisfied society，2015）

多层散养系统目前主要应用于欧盟国家。该类系统具有多层采食、栖息平台，与平养相比，提高了饲养密度，节约了建筑成本，但是也提高了一部分设备的投资。多层平台顶部通常设有多根栖杆，以满足蛋鸡喜栖息于高处的习性。设有多层采食平台，蛋鸡可以在多层采食平台进行采食、饮水。通常每层采食平台下部均设有粪污传送带，确保蛋鸡在上层采食平台活动时不会将粪污掉落到下层蛋鸡身体上。采食平台由铁丝网构成，一般设计一定坡度，当产生窝外蛋时，鸡蛋可以沿坡度滚出，有利于窝外蛋的收集，避免了散养系统中人工捡拾窝外蛋的麻烦。部分鸡舍地面铺设垫料，以满足蛋鸡喜觅食、沙浴的习性。这种系统有的没有设置鸡笼，是完全开放的，蛋鸡可以24小时完全自由地在舍内活动（图1-8）。

图1-8 无笼散养系统鸡舍实景图

（引自杨柳、李保明，蛋鸡福利化养殖模式及技术装备研究进展，2015）

③ 舍外散养系统与传统笼养。荷兰研究开发了一种名为圆盘系统的福利化蛋鸡散养模式，旨在满足未来蛋鸡养殖在发展用地、蛋鸡福利、人工、社会、环境等方面的要求，促进蛋鸡产业可持续发展（图1–9）。圆盘系统类似于一个由1个圆心、2个圆环组成的圆形蛋糕，它的中央是圆盘系统的核心部位，用来收集、分类鸡蛋以及检查鸡蛋品质。围绕中央部位的外部一环由12个单元组成，有2个（图中屋顶开敞部位）用来存放鸡蛋、饲料、废弃物以及其他物品，其他10个单元用来供蛋鸡生活，每个单元能容纳3000只鸡。在这10个单元中，有5个（标号1）为舍饲区，其高度为5.5米。鸡舍内部有饲喂、饮水、清粪系统，以及产蛋箱和栖杆，供蛋鸡白天产蛋，夜晚栖息。与每个鸡舍毗邻的区域设有一个带透明屋顶的舍外活动区（标号2），蛋鸡可以从鸡舍进入相邻的活动区活动。活动区内有人工草皮，透明屋顶既能保证蛋鸡得到充足的阳光，又能遮风挡雨，保持人工草皮的干燥。最外面的一环是放牧区（标号3），该区设有厚垫料和防鸟网，墙体为铁丝网，确保有足够的通风量。

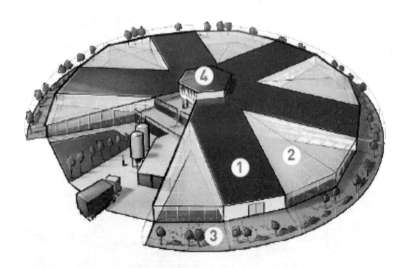

注：1. 舍饲区；2. 舍外活动区；3. 放牧区；4. 中央核心区

图1–9 荷兰圆盘系统概念图

（引自Laying, Towards a happy hen life, proud farmers and a satisfied society, 2015）

3. 日本蛋鸡产业

（1）生产现状

日本是世界上第四大鸡蛋生产国，2017年，日本鸡蛋产量为260.1万吨，占全球鸡蛋总产量的3.0%。日本人有生食鸡蛋的饮食习惯，因此对鸡蛋品质提出了非常严苛的要求。日本生产的每一枚鸡蛋，都必须达到可生食标准才能够进入市场，通过养殖生产过程中的全程严苛管控及清洗杀菌，确保鸡蛋不含沙门氏菌、无蛋腥味、营养美味。"可生食"不仅是一种饮食习惯，更是一个食品品质标准，它意味着更安全和更高品质。通过对从种源蛋鸡的检测、生物安全控制、饲料饮水监测、有害生物防治、舍内舍外卫生控制、蛋鸡营养保障、鸡蛋监测，到鸡蛋运输等一整套标准体系的层层把控，才能使鸡蛋达到可生食级的品质标准。

（2）养殖模式

① 孵化场型一体化模式：孵化场采用签订合同的方式委托农户养殖蛋鸡。向合同农户提供建设鸡舍的图纸，教授饲养技术。农户按照企业提供的资料和技术，建造鸡舍、养鸡，然后由龙头企业派专车到农户农场回收鸡蛋。孵化场型一体化模式的特点是龙头企业把农户的合同生产与自己的生产总计划连接起来。龙头企业的生产总计划包括各农户的雏鸡孵化、青年鸡的育成、产蛋鸡的产蛋日期和淘汰日期等。同时，农户还必须将农场每日的生产情况，包括蛋鸡的病历都作详细的记录，提交给龙头企业。可以看出，农户是在龙头企业的严格控制下从事生产的。

部分孵化场建立了自己的饲料加工厂和鸡蛋处理工厂，并且同大城市的超级市场有直接的业务联系。孵化场式的龙头企业并不要求合同农户的生产规模过分大，一般为2万只鸡左右，并且要求养鸡场之间的间隔距离要合理。有一些孵化场也建立了自己的直属农场，并租赁给农户使用。

② 鸡蛋批发商型一体化模式：鸡蛋批发商型一体化模式主要利用早期的鸡蛋收购渠道，通过合同生产方式收购农户的鸡蛋。龙头企业事先把雏鸡、饲料贷给农户，农户把生产的全部鸡蛋交给龙头企业，然后结账。鸡蛋批发商型一体化模式的优点在于农户不需要事先投资购买雏鸡和饲料，可节约一大笔投资。由于龙头企业在边远农村地区发展一体化的蛋鸡产业，所以土地价格和劳动力成本较低，加上全部生产由农户承包，人力资本管理成本低，因此这种一体化生产方式在鸡蛋生产上有较大的优势。还有一些龙头企业从农户处购买土地，建造鸡舍，再雇用当地农民为他们养鸡。部分鸡蛋批发商型龙头企业还建立起鸡蛋加工和处理工厂，把从农户养鸡场收回的鸡蛋清洗包装，再通过多种渠道销售。

③ 饲料商社型一体化模式：20世纪60年代初，日本开始大量进口饲料，为饲料商社型一体化模式的发展创造了非常好的条件。饲料企业为了扩大饲料的销售量，在自己建立鸡蛋处理工厂以后，通过合同方式让农户饲养蛋鸡，再收购鸡蛋并通过批发商销售。后来，饲料龙头企业建立了饲料生产基地，把饲料基地的饲料卖给合同农户，

收购他们的鸡蛋，然后把经过自家工厂清洗和包装的鸡蛋直接销往超级市场和连锁商店。

④综合商社型一体化模式：此模式中的商社同日本的财阀有着密切的联系，因此，他们拥有相当大的经济实力。从种鸡繁育、雏鸡孵化、青年鸡育成、饲料生产直至鸡蛋生产和销售，全部由综合商社自己来经营。

⑤农协型一体化模式：此模式分为单协型和单协联合型。

单协型一体化模式：由独立的养鸡农户联合成立的农协，拥有独立的饲料加工、雏鸡孵化和鸡蛋处理工厂。向参加农协的农户提供雏鸡、饲料，然后收购他们的鸡蛋，再经过鸡蛋加工厂的处理出售给鸡蛋批发商。此模式的不足之处在于参加农协的农户较少，因此除了总体养鸡规模较小外，经济实力也较弱，所以收购鸡蛋也只局限在较小的范围内，如一个或数个自然村。

单协联合型一体化模式：若干个单一养鸡协会联合起来，使用一个共同的鸡蛋加工厂，负责统一出售收购来做鸡蛋，而饲料工厂仍然归各个单一协会所有。这样做的原因是通过联合来扩大农协的竞争力。单协联合型一体化模式的缺点是参加协会的养鸡农户比较分散，造成了不易管理和产品运输费用过高等弊端。

第二章 蛋鸡品种介绍

第一节 蛋鸡常见品种与特点

一、鸡的品种与品系

品种是指具有共同祖先来源，具有大体相似的体型外貌和相对一致的生产方向，且能将这些特点和性状稳定地遗传给后代的较大数量的群体。鸡的品种有很多，根据FAO数据显示，按育种计划选育的标准品种就有340多个，国内常见的标准品种主要包括：白来航鸡（蛋用型）、洛岛红鸡（兼用型）、芦花鸡（兼用型）、白洛克鸡（兼用型）等。

鸡的品系是指在一个鸡种或品种内，由于育种目的和方法的不同所形成的具有专门特征性状的不同群体。这样的一个品系实际上包括两类不同含义的群体：近交系和品群系。在实际生产中，品系也称为纯系。

二、鸡的品种分类

现代养鸡生产中，品种主要按经济性能和生产方向进行分类，分为蛋鸡系和肉鸡系两类。

蛋鸡系：主要用于生产商品蛋和繁殖商品蛋鸡。按照所产蛋蛋壳颜色，可分为白壳蛋系和褐壳蛋系。其中，白壳蛋系是主要以单冠白来航品种为基础选育出的、各具不同特点的高产品系，可利用这类品系进行品系间杂交育出白壳蛋商品杂种鸡。该型鸡体形较小，故又称作轻型蛋鸡。有时用育种公司的名称命名，如星杂288等。褐壳蛋系是主要由一些兼用型品种，如洛岛红、新汉县鸡培育成的高产品系，用这些品系配套杂交后培育的商品蛋鸡产褐壳蛋，如罗斯褐壳蛋鸡、星杂579等。该型鸡体形较来航鸡稍大，故又称中型蛋鸡。按来源，也可将蛋鸡品种分为引入品种、地方品种和培育品种。

肉鸡系：主要用于生产商品肉用仔鸡。一般需具备两套品系，即培育出专门化的父系和母系，用作配套杂交。肉鸡生产用父系，要求产肉性能优越，早期生长速度快。目前生产肉用仔鸡的父系是从白科尼什鸡中培育出来的。用它与母系杂交后产生的肉用仔鸡都是白羽，避免屠体上因有色残羽，影响屠体品质及外观。有些地方也用红科尼什培育父系。肉鸡生产用母系要求具有较高的产蛋量和良好的孵化率，孵出的雏鸡具有体形大、增重快等特点。培育肉鸡生产用母系一般用兼用型品种，目前多使用白洛克和浅花苏赛斯。目前，已经引入我国的肉鸡配套系或商品鸡主要有星布罗、罗斯Ⅰ号、爱拨益加鸡（AA肉鸡）等。

三、现代蛋鸡品种的特点

优良蛋鸡品种具有体形较小、体躯较长、冠和肉髯发达、羽毛紧密、性情活泼、性成熟早、无就巢性等特点。高产蛋鸡品种个体年平均产蛋量约为250枚，最多可达300枚。

为适应专业化养鸡产业的发展，畜牧科技工作者对蛋鸡的各品系进行了杂交组合，定向培育或在本品种（系）内进行定向培育，已获得了较多较好的品种（系）。现代蛋鸡育种多采用四系配套法进行培育，凡是由四系配套法培育的蛋鸡品种，其曾祖代蛋鸡组合的品系会有所差异，但制种程序和原理是相同的。通常四系配套制种的曾祖代蛋鸡，都有8~9个或更多的品系。曾祖代蛋鸡所产的蛋孵化出的鸡为祖代蛋鸡，可分为父系A（♂）、B（♀），母系C（♂）、D（♀）。祖代蛋鸡产出的蛋孵出的鸡为父母代蛋鸡，一般分为单交种AB（♂）、单交种CD（♀）。父母代AB公鸡与CD母鸡交配所产的蛋孵出的鸡为四系配套杂交ABCD商品代蛋鸡。商品代蛋鸡能充分地发挥其优良的产蛋性能，是采用四系配套制种的目的。商品代蛋鸡不能继续留作种用。

第二节　引进蛋鸡品种

一、罗曼褐壳蛋鸡

罗曼褐壳蛋鸡为德国罗曼公司培育的四系配套杂交鸡种，其1日龄商品代雏鸡可根据羽毛颜色鉴别公母，金黄色绒羽的为母鸡，银白色绒羽的为公鸡（图2-1）。根据近几年欧洲蛋鸡随机抽样测定结果显示，其生产性能均排在所抽蛋鸡品种前列，尤其在蛋重、蛋壳质量和料蛋比方面最为突出。我国最早在1983年引进祖代种鸡，后期也引进过曾祖代种鸡。罗曼褐壳蛋鸡适应性强，可在全国绝大部分地区养殖，适宜集约化鸡场、规模化鸡场、专业户和农户养殖。

图2-1　罗曼褐壳蛋鸡
（图片来源于网络）

父母代生产性能：50%的母鸡开产日龄为147~154天，高峰期产蛋率为90%~92%，68周龄入舍母鸡产蛋数为255~265枚，其中合格入孵种蛋数为225~235枚，生产的母雏数为95~102只，平均孵化率为80%~82%。

商品代生产性能：20周龄体重为1.5~1.6千克，50%母鸡开产日龄为152~158天，1~20周龄每只母鸡累计耗料量为7.4~7.8千克，料蛋比为2.3~2.4：1。

二、罗曼粉壳蛋鸡

罗曼粉壳蛋鸡是罗曼公司选育的又一当家品种，具有品种纯正、杂羽少、抗病力强、产蛋率高、维持时间长、蛋壳强度高等优势，商品代呈白色，羽色和蛋壳颜色一致是该品种的特点（图2-2）。

图2-2　罗曼粉壳蛋鸡
（图片来源于网络）

父母代生产性能：1~18周龄成活率为96%~98%，19~72周龄成活率为94%~96%；母鸡开产日龄为147~154天，高峰期产蛋率为89%~92%；72周龄入舍母鸡产蛋数为266~276枚，其中合格种蛋数为238~250枚，生产的母雏数为90~100只。

商品代生产性能：20周龄体重为1.4~1.5千克，1~20周龄每只母鸡累计耗料量为7.3~7.8千克，成活率为97%~98%；母鸡开产日龄为140~150天，高峰期产蛋率为92%~95%；72周龄入舍母鸡产蛋数为300~310枚，平均蛋重为63.0~64.0克，总蛋重为19.0~20.0千克，体重为1.8~2.0千克；21~72周龄日耗料为110~118克/只，料蛋比为2.1~2.2：1，成活率为94%~96%；蛋壳颜色呈淡黄色。

三、罗曼白壳蛋鸡

罗曼白壳蛋鸡系德国罗曼公司育成的两系配套杂交鸡种，即精选罗曼SLS（图2-3）。由于其产蛋量高，蛋重大，引得人们青睐。

商品代生产性能：0~20周龄育成率为96%~98%；20周龄体重为1.3~1.35千克；150~155日龄产蛋率达50%，高峰期产蛋率为92%~94%，72周龄产蛋数为290~300枚，平均蛋重为62~63克，总蛋重为18~19千克，料蛋比为2.3~2.4∶1；产蛋期末体重为1.75~1.85千克；产蛋期存活率为94%~96%。

图2-3　罗曼白壳蛋鸡
（图片来源于网络）

四、迪卡·沃伦蛋鸡

迪卡·沃伦蛋鸡简称迪卡蛋鸡，由美国迪卡–沃伦公司培育的四系配套褐壳蛋鸡品种。1990年，由我国上海大江公司引进，国内称为大江蛋鸡。该鸡具有开产早、产蛋期长、蛋重大、饲料转化率高等特点，商品代雏鸡可根据羽毛颜色鉴别公母，金黄色的为母鸡，银白色的为公鸡（图2-4）。

商品代生产性能：20周龄体重为1.7千克；22~24周龄的产蛋率达50%，72周龄入舍母鸡产蛋数为270枚，料蛋比为2.46∶1；产蛋期成活率为92%；1~20周龄每只母鸡累计耗料量为7.7千克，产蛋期每只母鸡每天耗料112~120克。

图2-4　迪卡·沃伦蛋鸡
（图片来源于网络）

五、海兰褐壳蛋鸡

海兰褐壳蛋鸡是美国海兰国际公司培育的四系配套优良蛋鸡品种。我国从20世纪80年代引进，在全国有多个祖代或父母代种鸡场均有培育，是褐壳蛋鸡中饲养较多的品种之一。海兰褐的商品代初生雏中，母雏全身红色，公雏全身白色，可根据羽色自别公母。但由于母本是合成系，商品代红色绒毛母雏中有少数个体在背部带有深褐色条纹，白色绒毛公雏中有部分在背部带有浅褐色条纹。商品代母鸡在成年后，全身羽毛基本（从整体上看）为红色，尾部上端大都带有少许白色。此种蛋鸡的头部较为紧凑，单冠，耳叶红色，也有带有部分白色的。皮肤、喙和胫为黄色。体形结实，基本呈元宝形（图2-5）。海兰褐壳蛋鸡在全国很多地区都可饲养，适宜集约化鸡场、规模化鸡场、专业户和农户饲养。

图2-5　海兰褐壳蛋鸡
（图片来源于网络）

父母代生产性能：50%的母鸡开产日龄为145天，高峰期产蛋率为93%；19～70周龄入舍母鸡产蛋数为289枚，其中合格入孵种蛋数为280枚；24～70周龄可生产健康母雏101只，平均每周产母雏2.1只，平均孵化率为80%；18周龄母鸡体重为1.51千克，公鸡为2.34千克，60周龄母鸡体重为2.1千克，公鸡为2.93千克；1～18周龄每只入舍鸡累计耗料量为6.75千克。

商品代生产性能：1～18周龄成活率为96%～98%，体重为1.55千克，每只鸡累计耗料量为5.7～6.7千克；高峰期产蛋率为94%～96%，60周龄入舍母鸡产蛋数为246枚，至74周龄时为317枚，至80周龄时为344枚；21～74周龄料蛋比为2.11∶1。

六、海兰W-36

海兰W-36是美国海兰国际公司培育的四系配套优良白壳蛋鸡品种。我国从20世纪80年代引进，目前，在全国有多个祖代和父母代种鸡场均有饲养，是白壳蛋鸡中饲养较多的品种之一。其父系和母系均为白来航，全身羽毛呈白色，单冠、冠大，耳叶呈白色，皮肤、喙和胫的颜色均为黄色，体形轻小清秀，性情活泼好动。商品代初生雏鸡全身绒毛为白色，可通过羽速鉴别公母，成年鸡羽色与母系相同（图2-6）。

父母代生产性能：50%母鸡开产日龄为143天，高峰期产蛋率为90%；19～70周龄入舍母鸡产蛋数为297枚，其中合格的入孵种蛋数为293枚；25～70周龄可生产健康母雏112只，平均每周产母雏2.4只，平均孵化率为

图2-6　海兰W-36
（图片来源于网络）

86%；18周龄母鸡体重为1.23千克，公鸡为1.45千克，60周龄母鸡体重为1.59千克，公鸡为2.12千克；1～18周龄每只入舍鸡累计耗料量为5.84千克。

商品代生产性能：50%母鸡开产日龄为146天，高峰期产蛋率为93%～94%；19～80周龄入舍母鸡产蛋数为336～352枚，38周龄的平均蛋重为60.1克；70周龄体重为1.54千克；21～80周龄料蛋比为1.86：1。

七、海兰灰蛋鸡

海兰灰蛋鸡为美国海兰国际公司培育的粉壳蛋鸡商业配套系鸡种。其父本与海兰褐鸡父本相同，母本为白来航，单冠，耳叶白色，全身羽毛白色，皮肤、喙和胫的颜色均为黄色，体形轻小清秀。海兰灰的商品代初生雏鸡全身绒毛为鹅黄色，有小黑点成点状分布全身，可以通过羽速鉴别雌雄，成年鸡背部羽毛成灰浅红色，翅间、腿部和尾部成白色，皮肤、喙和胫的颜色均为黄色，体形轻小清秀（图2-7）。

图2-7 海兰灰蛋鸡
（图片来源于网络）

父母代生产性能：50%母鸡开产日龄为149天，高峰期产蛋率为93%；18～65周龄入舍母鸡产蛋数为252枚，其中合格的入孵种蛋数为219枚；25～65周龄可生产健康母雏95只，平均每周产母雏2.3只，平均孵化率为88%；60周龄母鸡体重为1.69千克，公鸡为3.16千克。

商品代生产性能：1～18周龄雏鸡成活率为96%～98%；从出雏至50%产蛋率的天数为152天，高峰期产蛋率为92%～94%；21～72周龄入舍母鸡产蛋数为331～339枚，30周龄平均蛋重为61克，70周龄平均蛋重为66.4克，蛋壳颜色为粉色；21～72周龄料蛋比为2.1～2.3：1；72周龄母鸡体重为2千克。

八、伊莎褐壳蛋鸡

伊莎褐壳蛋鸡是由法国伊莎公司育成的四系配套的杂交鸡种，在全国各地均有分布。其商品代雏鸡可根据羽毛颜色鉴别公母，金黄色的为母鸡，银白色的为公鸡，以高产和较好的整齐度及良好的适应性著称（图2-8）。

商品代生产性能：0～20周龄育成率为97%～98%；20周龄体重为1.6千克；21周龄达5%产蛋率，23周龄达50%产蛋率，25周龄母鸡进入产蛋高峰期，高峰期产蛋率为93%；76周龄入舍母鸡平均产蛋量为292枚，饲养日产蛋量为302枚，平均蛋重为62.5克，总蛋重为18.2千克，生产每千克鸡蛋耗料2.4～2.5千克；产蛋期末母鸡体重为2.25千克；产蛋期存活率为93%。

图2-8 伊莎褐壳蛋鸡
（图片来源于网络）

九、海赛克斯褐壳蛋鸡

海赛克斯褐壳蛋鸡是荷兰尤利公司培育的优良蛋鸡品种，是我国褐壳蛋鸡中饲养较多的品种之一。海赛克斯褐壳蛋鸡具有耗料少、产蛋多和成活率高的优良特点。海赛克斯褐壳蛋鸡可在全国绝大部分地区饲养，适宜集约化鸡场、规模化鸡场、专业户和农户饲养。

商品代生产性能：0～17周龄成活率为97%，体重为1.4千克，累计耗料量为5.7千克；母鸡产蛋率达50%的日龄为145天，20～78周龄入舍母鸡产蛋数为324枚，总蛋重为20.4千克，平均蛋重为63.2克，料蛋比为2.24：1；产蛋期成活率为94.2%，140日龄后母鸡日平均耗料量为116克；产蛋期末母鸡体重为2.1千克。

商品代羽色自别公母，共分为三种类型。类型Ⅰ：母雏为均匀的褐色，公雏为均匀的黄白色，此类占总数的90%（图2-9）。类型Ⅱ：母雏主要为褐色，但在背部有白色条纹，公雏主要为白色，但在背部有褐色条纹，此类占总数的8%；类型Ⅲ：母雏主要为白色，但头部为红褐色，公雏主要为白色，但在背部有4条褐色窄条纹，条纹的轮廓有时清楚，有时模糊，此类占总数的2%。

图2-9 海赛克斯褐壳蛋鸡
（图片来源于网络）

第三节　地方蛋鸡品种

地方蛋鸡品种既可利用果园、林地、山地等场所进行放养，也可开展规模化养殖。养殖时要选择抗病能力强、适应性好、生产性能优良、蛋品品质良好的品种。养殖户可以根据不同饲养模式和产品的销售定位，以及本地市场需求合理选择地方品种进行养殖。

一、仙居鸡

1. 主要产区与分布

仙居鸡又称梅林鸡，属于蛋用型品种，主要产区在浙江省仙居县及邻近的临海、天台、黄岩等区县，分布于浙江省东南部。生产的雏鸡销往广东、广西、江苏、上海等10多个省、市、自治区。

2. 外貌特征

仙居鸡有黄、黑、白3种毛色，黑色体形最大，黄色次之，白色最小。目前主要针对黄羽鸡进行选育，黄羽鸡羽毛紧凑，羽色为黄色，尾羽高翘，体形健壮结实，单冠直立，喙短呈棕黄色，趾黄色无毛，部分鸡只颈部有鳞状黑斑（图2-10）。

图2-10　仙居鸡

（引自徐桂芳、陈宽维，中国家禽地方品种资源图谱，2003）

3. 生产性能

种鸡：成年公鸡体重为1.6~1.8千克，母鸡为1.25~1.48千克，蛋重为42~46克，500日龄产蛋量为180~200枚；商品鸡：公鸡84~98日龄可达1.35~1.50千克，母鸡98~112

日龄可达1.10~1.25千克，成活率为95%以上，公母种鸡22周龄体重分别可达1.76千克、1.36千克，66周龄产蛋数为172枚，种蛋受精率为91.6%，受精蛋孵化率为92.9%；鸡苗重量：出壳鸡苗重量为28~32克，健雏率为98%以上。

二、白耳黄鸡

1. 主要产区与分布

白耳黄鸡又称白银耳鸡、上饶地区白耳鸡、江山白耳鸡，因其全身披金黄色羽毛、耳叶白色而得名，它是我国稀有的白耳鸡种，属于蛋用型品种。主要产区在江西省上饶市的广丰、广信、玉山三个区县和浙江省江山市，近年来江西景德镇种鸡场对白耳鸡进行了选育，常年向全国各地提供种鸡。

2. 外貌特征

白耳黄鸡体形矮小，体重较轻，羽毛紧密，但后躯宽大，属蛋用型鸡种体形。产区以"三黄一白"为外貌选择标准，即黄羽、黄喙、黄脚呈"三黄"，白耳呈"一白"。耳叶大，呈银白色，似白桃花瓣。全身羽毛呈黄色，公母鸡的皮肤和胫部呈黄色，无胫羽（图2-11）。

图2-11　白耳黄鸡

（引自徐桂芳、陈宽维，中国家禽地方品种资源图谱，2003）

3. 生产性能

成年公鸡体重为1.45千克，母鸡为1.19千克。成年公鸡的半净膛率为83.3%，成年母鸡为85.3%；成年公鸡的全净膛率为76.7%，成年母鸡为69.7%。据调查统计，母鸡的平均开产日龄为151.75天，年平均产蛋数为180枚，平均蛋重为54.23克，蛋壳呈深褐色，蛋壳厚度为0.34~0.38毫米，蛋形指数为1.35~1.38，哈氏单位为88.31±7.82。在公母配种比例为1：2~15的情况下，种禽场的种蛋受精率为92.12%，受精蛋孵化率为94.29%，入孵种蛋孵化率为80.34%。公鸡在110～130日龄开啼。母鸡就巢性弱，仅15.4%的母鸡表现有就巢性，且就巢时间短，长的20天，短的7～8天。30日龄雏鸡成活率为96.4%，60日龄为95.24%，90日龄为94.04%。

三、东乡绿壳蛋鸡

1. 主要产区与分布

东乡绿壳蛋鸡属于兼用型品种，原产地为江西省抚州市东乡区，中心产区为东乡区长林乡，主要分布于东乡区各乡镇，江苏、湖南、陕西、湖北等省均有分布。

2. 外貌特征

东乡绿壳蛋鸡体躯菱形。羽毛分黑羽、黄羽、麻羽、白羽和芦花等羽色，羽毛呈片状且紧凑。喙、冠、皮、肉、骨、趾均为乌黑色。母鸡羽毛紧凑，单冠直立，冠齿为5～6个，眼大有神，大部分耳叶呈浅绿色，肉垂深而薄，胫细而短。公鸡雄健，鸣叫有力，单冠直立，呈暗紫色，冠齿为7～8个，肉垂深而大，耳叶紫红色，颈羽、尾羽泛绿光且上翘，体形呈"V"形（图2-12）。

图2-12 东乡绿壳蛋鸡

（引自徐桂芳、陈宽维，中国家禽地方品种资源图谱，2003）

3. 生产性能

50%母鸡开产日龄为170～180天，平均开产蛋重为30克，500日龄平均产蛋数为152枚，300日龄平均蛋重为48克，500日龄平均蛋重为49.6克，蛋壳绿色，就巢率为5%。成年母鸡体重为1.2～1.4千克，成年公鸡体重为1.4～1.6千克。东乡绿壳蛋鸡肉维生素A含量较高，胆固醇含量较低。公鸡半净膛率为78.4%，母鸡为81.7%；公鸡全净膛率为64.5%，母鸡为71.2%；公鸡胸肌率为18.8%，母鸡为21.7%。

四、狼山鸡

1. 主要产区与分布

狼山鸡是蛋肉兼用型鸡种之一。原产于江苏省南通市如东县境内，以马塘、岔河为中心，覆盖掘港、栟茶、丰利及双甸，通州区的石港镇等地也有分布。该品种鸡的集散地为长江北岸的南通港，港口附近有一处游览胜地，称为狼山，因而得名。1872年首先传入英国，后在家禽展览会上博得英美各国养禽界的关注和好评，继而又传入德、法、日等国，并且载入各国的家禽品种谱。该品种鸡以体形硕大，羽毛纯黑，冬季产蛋多、蛋大而著称于世。该品种鸡在国外经过进一步选育，并与当地鸡杂交培育成新的品种，如著名鸡种黑奥品顿、澳洲黑等。因此，狼山鸡对世界养鸡业作出了一定的贡献。

2. 外貌特征

狼山鸡体格健壮，头昂尾翘，背部较凹，羽毛紧密，行动灵活。按体形可分为重型与轻型两种，前者多产于马塘、岔河，公鸡体重为4.0～4.5千克，母鸡为3.0～3.5千克；后者多产于栟茶，公鸡体重为3.0～3.5千克，母鸡为2.0千克左右。按羽毛颜色可分为纯黑、黄色和白色三种，其中黑鸡最多，黄鸡次之，白鸡最少，杂毛鸡甚为少见。每种颜色按头部羽冠和胫趾部羽毛的有无可分为光头光脚、光头毛脚、凤头毛脚和凤头光脚四个类型（图2-13）。

图2-13　狼山鸡

（引自徐桂芳、陈宽维，中国家禽地方品种资源图谱，2003）

3. 生产性能

据测定，种鸡的年平均产蛋数为134.88～175.37枚，最高个体记录为252枚。300日龄产蛋数为46.1枚，500日龄为140.5枚。平均蛋重为49.3克，经过20多年的选育，目前平均蛋重达到58.7克，开产蛋重由原来的近40克提高到50.23克。狼山鸡选育初期平均性成熟期为286天，现已缩到208±16.83天，就巢率也由46.34%下降到11.89%，平均持续就巢期为11.23天。种蛋受精率保持在90%左右，最高可达96%。在放养条件下，一般公母比例为1∶20～30，受精率仍可达到85%以上。据如东县狼山鸡种鸡场10年的统计资料显示，在公母比例为1∶18～20的情况下，入孵种蛋为521.816个，受精率为90.62%，受精蛋孵化率为80.85%。1月龄育雏率为95.12%。

五、大骨鸡

1. 主要产区与分布

大骨鸡又称庄河鸡，属于蛋肉兼用型品种。大骨鸡历史悠久，据资料记载，早在二百多年前，山东移民将山东大型的寿光鸡带入辽宁，与当地鸡杂交，后经当地群众长期选育而成大骨鸡。该品种鸡主要产于辽宁省庄河市，分布于东沟、凤城、金县、新金、复县等地。鸡体大、敦实，觅食能力强，产蛋多而大，且蛋壳厚而坚实，肉质鲜嫩。

2. 外貌特征

大骨鸡体形魁伟，胸深且广，背宽而长，腿高粗壮，敦实有力，腹部丰满，觅食能力强。公鸡羽毛棕红色，尾羽黑色并带金属光泽；母鸡多呈麻黄色。该品种鸡头颈粗壮，眼大明亮，单冠，冠、耳叶、肉垂均呈红色，喙、胫、趾均呈黄色（图2-14）。成年公鸡体重为2.9千克，成年母鸡为2.3千克。

图2-14　大骨鸡
(引自徐桂芳、陈宽维，中国家禽地方品种资源图谱，2003)

3. 生产性能

蛋大是大骨鸡的突出优点，蛋重为62～64克，有的蛋重达70多克，年平均产蛋数为160枚；在较好的饲养条件下，可达180多枚。蛋壳深褐色，壳厚而结实，破损率低。蛋形指数为1.35。公母配种比例一般为1：8～10，母鸡开产日龄平均为213天。种蛋受精率约为90%，受精蛋孵化率为80%。就巢率为5%～10%，就巢持续期为20～30天。60日龄育雏率在85%以上。

六、北京油鸡

1. 主要产区与分布

北京油鸡属于优良的肉蛋兼用型地方鸡种。该品种鸡以肉味鲜美、蛋品优良著称，是优良的地方鸡种。原产地在北京城北侧安定门和德胜门外近郊，以朝阳区所属的大屯和洼里两个乡最为集中，其邻近地区，如海淀、清河等也有分布。

2. 外貌特征

北京油鸡体躯中等，羽色美观，主要为赤褐色和黄色。赤褐色鸡体形较小，黄色鸡体形较大。雏鸡绒毛呈淡黄色或土黄色，冠羽、胫羽、髯羽明显。成年鸡羽毛厚而蓬松。公鸡羽毛色泽鲜艳光亮，头部高昂，尾羽多为黑色。母鸡头、尾微翘，胫略短，体态敦实。北京油鸡羽毛较其他鸡种特殊，具有冠羽和胫羽，有的个体还有趾羽，不少个体下颌或颊部有髯须，故称为"三羽"（凤头、毛腿和胡子嘴），通常将这"三羽"作为北京油鸡的主要特征。大多数北京油鸡比一般鸡多一个趾，也就是五趾（图2-15）。

图2-15 北京油鸡

（引自徐桂芳、陈宽维，中国家禽地方品种资源图谱，2003）

3. 生产性能

成年公鸡体重为2.0~2.1千克，成年母鸡为1.7~1.8千克。生长速度较慢，8周龄体重为0.5~0.6千克。性成熟较晚，在自然光照条件下，公鸡2~3月龄开啼，6月龄后，精液品质渐趋正常。母鸡7月龄开产，开产体重为1.6千克。在放养条件下，每只母鸡年产蛋数约为110枚，当饲养条件较好时，可达125枚，平均蛋重为56克。每只母鸡的年产蛋总重量约为7千克。蛋壳呈褐色，有些个体的蛋壳呈淡紫色，故有"紫皮蛋"之称，蛋壳的表面覆盖一层淡淡的白色胶护膜，俗称"白霜"，使蛋壳色泽格外新鲜。蛋壳强度为3.13千克/平方厘米，蛋壳厚度为0.325毫米，蛋形指数为1.32，鲜蛋的哈氏单位为85.4。蛋品的各项指标均达到较高的水平，深受群众喜爱。在采留种蛋期间，鸡群的公母比例一般为1：8~10。农村养殖户的种蛋受精率和孵化率均在80%以上，专业养殖场的种蛋受精率和孵化率均可超过90%。

七、萧山鸡

1. 主要产区与分布

萧山鸡又名"越鸡"，属于蛋肉兼用型鸡种。该品种鸡素以体大、味美著称，特点是早期生长较快，早熟，易肥，屠宰率高。原产地是浙江省杭州市萧山区，以瓜沥、义蓬、坎山、靖江、城北等区域所产的鸡种为最佳，分布于杭嘉湖及绍兴地区，当地群众称萧山鸡为"沙地大种鸡"。

2. 外貌特征

萧山鸡体形较大，外形近似方而浑圆。初生雏羽呈浅黄色，全身较为一致。公鸡体格健壮，羽毛紧密，头昂尾翘；红色单冠、直立、中等大小；肉垂、耳叶红色；眼球略小，虹彩橙黄色；喙稍弯曲，端部红黄色，基部褐色；全身羽毛有红、黄两种，两者颈、翼、背部等羽色较深，尾羽多呈黑色。母鸡体态匀称，骨骼较细；全身羽毛基本黄色，但麻色也不少；颈、翼、尾部间有少量黑色羽毛；红色单冠，冠齿大小不一；肉垂、耳叶红色；眼球蓝褐色，虹彩橙黄色；喙、胫黄色（图2-16）。

3. 生产性能

据资料显示，母鸡的开产日龄平均为185.4天，开产体重为1.86千克。产蛋数因饲养管理条件不同，个体间差异很大。据统计，母鸡年产蛋数为110~130枚，平均蛋重为56克，蛋壳呈褐色，蛋壳厚度为0.31毫米，蛋形指数为1.39。蛋的组成中，蛋白占55.80%，蛋黄占32.44%，蛋壳占11.76%。公母配种比例通常为1：12，种蛋受精率为

图2-16 萧山鸡

(引自徐桂芳、陈宽维，中国家禽地方品种资源图谱，2003)

84.85%。据杭州市农业科学研究所对萧山鸡选育群的测定，种蛋受精率为90.05%，受精蛋孵化率为85.99%，入孵蛋孵化率为77.43%～81.43%。母鸡就巢性强，平均每年就巢4次，高的有8次之多，每次就巢约10天，长的有月余，对产蛋的影响较大。

八、静原鸡

1. 主要产区与分布

静原鸡又名静宁鸡、固原鸡，属于黄土高原耐高寒、干旱气候的优良蛋肉兼用鸡种。主产区在甘肃省静宁县及宁夏回族自治区固原市，主要分布于庄浪县、华亭县、张家川回族自治县、秦安县、通渭县、会宁县、隆德县、泾源县、西吉县和海原县。目前饲养数量约80万只。

2. 外貌特征

静原鸡体格中等，公鸡头颈昂举，尾羽高耸，胸部发达，背部宽长，胫粗壮；母鸡头小清秀，背宽腹圆。成年公鸡羽色不一致，主要有红公鸡和黑红公鸡。红公鸡的羽色艳丽，体羽以深褐色为主，主、副翼羽与尾羽呈黑色闪绿光，镰羽发达美丽，梳羽褐红色，腹部绒羽黑褐色，胸部、体侧浅褐色。冠型多为玫瑰冠，少数为单冠。喙多呈灰色。虹彩以橘黄色为主。冠、肉垂、耳叶呈鲜红色。胫呈灰色，少数个体有胫羽，皮肤呈白色。成年母鸡羽色较杂，有黄鸡、麻鸡、黑鸡、白鸡、花鸡等，以黄鸡和麻鸡最多。黄母鸡体羽以土黄色为主，颈背面及两侧羽毛黑色镶黄边，颈下部羽毛土黄色，主、副翼羽与尾羽呈黑色，胸腹部羽毛较淡，呈土黄色。麻母鸡体羽以麻褐色为主，主、副翼羽与尾羽呈黑色或深麻色，胫羽根部呈灰色，颈部为深褐镶黄边，腹部羽毛呈浅黄色。母鸡冠型多为玫瑰冠，少数为单冠（5～9个冠齿）。冠、肉垂、耳叶呈鲜红色，少数鸡有颔下羽。喙、胫、趾呈灰色，爪呈白色，少数有胫羽（图2-17）。

3. 生产性能

静原鸡性成熟较晚，母鸡一般在8～9月龄开产，早春孵出的鸡比秋季孵出的鸡开产早。黄色母鸡和麻色母鸡产蛋较多。在农家常年放牧饲养的条件下，早晚少量补饲，年产蛋数为117～124枚，蛋重为56.7～58.0克，蛋壳呈褐色，蛋壳厚度为0.34～0.35毫米，蛋形指数为1.31～1.32。散养的公母配种比例一般为1：8，种蛋受精率可达90%。使用自然孵化方法，孵化率较高，孵化率为90%～94%，人工孵化的孵化率可达82.6%。母鸡就巢性较强，一年就巢2～3次，每次持续7～15天。

图2-17　静原鸡

（引自徐桂芳、陈宽维，中国家禽地方品种资源图谱，2003）

第四节　培育蛋鸡品种

目前，我国培育的蛋鸡品种（系）主要有京红1号、京粉1号、京白939、新杨褐和农大3号等。部分配套系蛋鸡品种的生产性能与国外引进蛋鸡品种的生产性能基本接近。

一、京红1号蛋鸡

京红1号蛋鸡是由北京市华都峪口禽业有限责任公司和北京华都集团有限公司良种基

地共同培育的三系配套褐壳蛋鸡品种（图2-18）。
该品种具有生产性能优越，繁殖性能突出，实用
性、适应性强等多项优势。该品种在2008年通过
国家畜禽遗传资源委员会家禽专业委员会审定，
2009年通过农业部家畜遗传资源委员会审定。

京红1号蛋鸡生产性能优越主要表现在实用性
好、适应能力强和繁殖能力高。该品种耐粗饲，有
较强的适应能力，适合粗放的饲养环境；成活率
高，育成鸡达98%，成年鸡达93%，比国外品种高
2%～3%；产蛋高峰期长，商品代产蛋率在90%以上
的天数超过180天，72周龄入舍母鸡产蛋数为311
枚，总蛋重为19.5千克，产蛋期料蛋比为2.2∶1；
父母代种蛋合格率高、受精率高、健母雏率高，每
只鸡年生产健母雏数比国外品种多4～5只，种蛋合
格率为90%，受精率为92.3%，健母雏数为108只。

图2-18　京红1号蛋鸡
（图片来源于网络）

二、京粉1号蛋鸡

京红1号蛋鸡是由北京市华都峪口禽业有限责
任公司和北京华都集团有限公司良种基地共同培育
的三系配套粉壳蛋鸡品种（图2-19）。

京红1号蛋鸡商品代生产性能：50%母鸡开产
日龄为140～148天，72周龄入舍母鸡产蛋数为
293～306枚，总蛋重为18.9～19.8千克，平均蛋重
为62.4克，料蛋比为2.1～2.2∶1。

图2-19　京粉1号蛋鸡
（图片来源于网络）

三、京白939蛋鸡

京白939蛋鸡是由北京市种禽公司、北京市华都育种公司、北京市华都集团有限责任
公司良种基地、河北大午农牧集团种禽有限公司共同培育的四系配套粉壳蛋鸡品种。祖代
A系、B系，父母代AB系公母鸡为褐色快羽，具有典型的单冠洛岛红鸡的体形及外貌特
征；C系、CD系母鸡为白色慢羽，D系、CD系公鸡为白色快羽，具有典型的单冠白来航

图2-20 京白939蛋鸡
（图片来源于网络）

鸡的体形及外貌特征。商品代（ABCD）雏鸡为红色单冠、花羽（乳黄、褐色相杂，两色斑块、斑形呈不规则分布），羽速自别公母，快羽为母雏，慢羽为公雏。成年母鸡为白色、褐色不规则相间的花鸡，有少部分纯白和纯褐色羽。体重、体形、外貌特征处于红色单冠洛岛红鸡和红色单冠白来航鸡之间（图2-20）。其主要特点为适应性强，成活率高，产蛋性能好，耗料少，蛋壳颜色一致性好。

京白939蛋鸡商品代生产性能：20周龄育成率为95%，产蛋期存活率为92%，20周龄体重为1.51千克，21～72周龄入舍母鸡产蛋数为302枚，总蛋重为18.7千克，平均蛋重为62克。

四、新杨褐壳蛋鸡

新杨褐壳蛋鸡是由上海新杨家禽育种中心培育的褐羽褐壳配套系蛋鸡品种。在该品种蛋鸡配套系选育的过程中，应用了纯系合成、品系配套、疾病净化等多项育种技术，着重对蛋品质、产蛋量、配合力、饲料消耗、表型性状等进行了选择，进一步提高了该品种蛋鸡的生产性能和抗应激能力。新杨褐壳蛋鸡公母外貌特征一致，主要经济性状遗传稳定。经国家家禽生产性能测定站的测定，该品种蛋鸡还具有无鸡白痢、高成活率高、高孵化率、饲养综合效益高等特点，各项表现均已达到国际先进水平，通过了国家家禽品种审定委员会的审定。

新杨褐壳蛋鸡商品代特征：体躯较长，呈长方形，体质健壮，性情温顺，红羽，但部分尾羽为白色，黄皮肤，单冠，产褐壳蛋（图2-21）。

图2-21 新杨褐壳蛋鸡
（图片来源于网络）

新杨褐壳蛋鸡商品代生产性能：1～20周龄的成活率为96%～98%，20周龄的体重为1.5～1.6千克，1～20周龄每只入舍鸡累计耗料量为7.8～8.0千克，20～71周龄产蛋期成活率为93%～97%，50%母鸡开产日龄为154～161天，高峰期产蛋率为90%～94%，72周龄入舍母鸡产蛋数为287～296枚，总蛋重为18.0～19.0千克，平均蛋重为63.5克，每只鸡日平均耗料量为115～120克，料蛋比为2.25～2.4∶1。

五、农大3号小型蛋鸡

农大3号小型蛋鸡是由中国农业大学和北京农大种禽有限责任公司培育的三系配套粉壳蛋鸡品种（图2-22），其在2003年通过了国家品种鉴定。

农大3号小型蛋鸡商品代具有以下优点：①体形小，养殖占地面积少。农大3号鸡成年体重为1.60千克，比普通蛋鸡轻25%，自然体高比普通蛋鸡矮10厘米。②耗料少，饲料转化率高。在产蛋期，平均日采食量仅为90克，比普通蛋鸡少20%，料蛋比为2∶1，比普通蛋鸡的饲料利用率高15%。③抗病力强。属于矮小型鸡的该品种对马立克氏病有较强的抵抗力，对一般细菌性疾病的抵抗力也比普通蛋鸡强。④抗风险能力强。该品种每生产1千克鸡蛋比普通蛋鸡的成本要少0.4元。据资料显示，农大3号小型蛋鸡72周龄产蛋数可达260枚，平均蛋重为85克，产蛋期每只鸡日平均耗料量为85～90克，料蛋比为2.1∶1。

图2-22　农大3号小型蛋鸡

（图片来源于网络）

第三章 蛋鸡的繁殖与人工孵化

第一节 蛋用种鸡的配种繁殖技术

蛋鸡生长快、性成熟早、开产早、繁殖力强，一只母鸡一年可繁殖上百只雏鸡，春季孵出的蛋鸡苗鸡当年又可产蛋。在人工饲养条件下，蛋鸡没有严格的配种季节，一年四季都可以交配、排卵、产蛋，再经孵化出雏，从而形成一个完整的繁殖过程。其繁殖方式分为自然交配繁殖和人工授精两种。随着笼养制的推广与制种的需要，人工授精技术已在蛋鸡生产中得到广泛推广及应用。

一、蛋鸡的自然交配繁殖

1. 蛋用种鸡的配种比例

蛋用型鸡适宜的公母性别比例为 $1:10\sim15$，一般应在配种前 $7\sim10$ 天将公鸡放入母鸡群中。在一天中，公鸡交配最频繁的时间是大部分母鸡产完蛋后，即下午 $4\sim6$ 点。

2. 蛋用种鸡的利用年限

一般来说，种公鸡在 $6\sim8$ 月龄开始配种，18月龄之前配种的受精率最高，一般可利用2年。种母鸡一般在 $5\sim6$ 月龄开始产蛋，第一年产蛋量最高，产蛋率约为80%，第二年的产蛋率比第一年下降约15%，第三年下降25%~35%，利用年限一般为 $2\sim3$ 年。

3. 蛋用种鸡的自然交配方法

在养鸡生产中，平养蛋鸡大都采用自然交配方法，主要有以下几种：

（1）大群配种

鸡群较大，在母鸡群中按公母配比放入一定数量的公鸡，每只公鸡随机与母鸡交配，以100~1000只蛋鸡为一个配种鸡群比较适宜。这种配种方法受精率较高，但一般只适用于父母代蛋鸡场繁殖商品代蛋鸡。

（2）小间配种

在一个小空间内只放1只公鸡，按公母配比放入适量的母鸡，如10~15只母鸡中放入1只公鸡，让它们进行自然交配。

（3）辅助配种

辅助交配的公鸡饲养在面积为1平方米的公鸡笼内，一般在下午母鸡产完蛋后将母鸡放入笼内，每天放一批共4只母鸡，每周放6批，1只公鸡可以配24只母鸡。这种方法可使公鸡多配母鸡，母鸡在笼养的情况下也能得到种蛋，但较费人工。

（4）种鸡笼配种

专用种鸡配种笼长2米、宽1米、前高0.7米、后高0.6米，每笼可放入母鸡20~24只，公鸡2~3只，让公母鸡在笼中进行自然交配。

二、鸡的人工授精技术

鸡的人工授精技术是一种比较先进的繁殖技术，目前已在集约化笼养鸡场全面推广。人工授精可以减少公鸡的饲养量，可节约饲料，减少鸡舍，降低饲养成本，提高经济效益。

1. 采精前的准备

（1）所需器械

①采精器械：采用实柄的小玻璃漏斗型采精杯或市售5毫升量杯；②贮精器械：采用上端膨大，下端为短柄的空心圆柱形集精杯或小试管；③保温器械：采用普通保温杯，内加35~40℃热水，用来为贮存的精液保温；④输精器械：采用普通细玻璃胶球滴管或专用的输精器。

玻璃器皿使用前应煮沸消毒半小时，然后用棉球擦干备用，严禁用消毒剂消毒。

（2）公鸡的选择与调教

母鸡开产时（产蛋率为5%），对青年公鸡进行采精训练。训练前将公鸡泄殖腔外周1厘米左右的羽毛剪去，以便采精操作和收集精液。训练一般为隔日1次，对性反射好的公鸡作记号，连续进行1~2周。选留那些射精量在0.3毫升以上、精液品质优良的公鸡，淘汰射精量少、精液品质差的公鸡。公母比例可按蛋鸡1∶40、肉鸡1∶30选留公鸡，外加少数备用公鸡，以保证配种的需要。

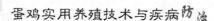

2. 鸡的按摩采精

（1）优点

按摩采精简便、安全、可靠，采出的精液较干净，技术熟练者只需几秒钟便可完成。生产中多采用背腹式按摩法采精。

（2）保定公鸡

一人用双手分开握住公鸡的两只腿，使公鸡呈自然交配姿势，即鸡头向后，尾部朝向采精者，鸡体保持水平，有利于公鸡形成性反射。

（3）按摩采精的方法

采精者左手从鸡背顺尾羽方向抚摸数次，接着左手顺势翻转手掌，将尾羽翻向背侧，并以拇指与食指跨在泄殖腔两上侧，右手拇指与食指以迅速敏捷的颤动动作按摩泄殖腔下缘腹部两侧。此时，公鸡性反应强烈，翻出退化的交配器，采精者即可用左手拇指和食指在泄殖腔两上侧作微微挤压，使精液顺利排出。同时，迅速用右手中指和无名指夹持的集精杯承接精液，完成按摩采精。将采集的精液直接或稀释后给母鸡输精，最好在采精完成后半小时内进行输精。

（4）公鸡的采精次数

一般每只公鸡在1周内连续采精3～5次后需休息2天，应注意公鸡的营养状况及体重变化情况。

3. 鸡的人工输精技术

（1）输精操作方法

鸡的人工输精一般由两人操作完成，一人作为输精员、一人作为助手。首先，助手用左手将母鸡的双翼提起，使母鸡头朝下，泄殖腔朝上，右手掌置于耻骨下，在腹部柔软处施加一定的压力，此时泄殖腔内左侧的输卵管开口便会翻出。此时，输精员便可将输精器插入输卵管2～3厘米处，将精液徐徐注入；助手也同时减轻对母鸡腹部的压力，以免精液溢出，完成输精。

（2）输精量与输精次数

蛋用型母鸡在产蛋高峰期，每次输入原精液量为0.025毫升，每隔5～7天输精一次；在产蛋中末期，每次输入原精液量为0.05毫升，每隔4～5天输精一次。

（3）输精时间

建议在一天中大部分母鸡产蛋后3小时内进行输精，具体时间通常在下午4～5点。

人工孵化是现代养禽生产中的一个重要环节，孵化水平的高低将直接影响蛋用雏鸡的健康状况、成活率、生长发育，以及成鸡的产蛋性能和养殖者的经济效益。因此，人工孵化是影响蛋鸡养殖的关键因素之一。

一、入孵前种蛋的选择、保存与消毒

1. 种蛋的选择

种蛋必须来自健康无病的高产鸡群，种蛋的形状应正常，呈卵圆形，不能过圆或过长、过大或过小，良种鸡的蛋重为55~65克。种蛋要求新鲜清洁，种蛋的存放时间以产后1周内为宜，最多不超过2周。种蛋表面不能沾有粪便或其他脏物，凡是过大、过小、过圆、过长等畸形蛋，蛋壳过薄而不平的沙壳蛋，蛋壳过厚的钢皮蛋都不能用作人工孵化。

2.种蛋的保存与运输

鸡胚发育的临界温度为23.9℃，保存种蛋的适宜温度为12~15℃，相对湿度以70%~80%为宜，保存时间以1周内为宜。如果超过1周，应每天翻蛋1次，防止蛋壳与蛋黄粘连。经验证明，种蛋越新鲜，孵化率越高。

冬季运输要做好保温防寒工作，夏季则要防止日晒和高温；另要防止震荡，要求运输种蛋的包装结实，填充良好，运输工具稳定，防止打破种蛋。

3. 种蛋的消毒

实践证明，经过消毒处理的种蛋，死胚率会降低，孵化率会提高。常用的种蛋消毒方法有以下三种：

（1）紫外线消毒法

在离蛋面约1米高的地方安装40瓦的紫外线灯管，照射10~15分钟即可。

（2）浸泡法

利用消毒药液浸泡种蛋杀死蛋壳表面细菌。常用的消毒药液浸泡法：①用0.2%~0.5%高锰酸钾溶液置于大盆内，保持40℃水温，将种蛋放入浸泡1~2分钟，取出沥干即可入孵；②用0.1%的碘溶液浸泡种蛋半分钟，取出晾干即可；③用0.1%新洁尔灭溶液（即5%的溶液再加50倍水稀释）浸泡3分钟后取出，也可将该药液直接喷洒在蛋壳表面。

（3）福尔马林熏蒸法

福尔马林熏蒸法是生产中最常用的消毒方法，熏蒸效果较好。方法是先估算出种蛋熏蒸消毒柜的容积；再按每立方米容积用15克高锰酸钾和30毫升福尔马林溶液称量好药液；之后将高锰酸钾倒入一定容积的陶瓷器皿内；最后再迅速倒入福尔马林溶液，并迅速关好消毒柜和孵化率门，熏蒸30～60分钟后，再打开门窗，排除异味。

二、机器孵化的操作技术

1. 孵化前的准备

（1）孵化室的准备

孵化室的面积大小按能合理摆放孵化机和便于操作而定。地面要平，有排水道，以便冲洗消毒，天花板离地板的距离不少于3.5米，室内要求通风良好，防寒保温。室温能保持在20～30℃，相对湿度能保持在50%～60%。

（2）制订孵化计划

在孵化前应根据孵化机的出雏能力、种蛋数量以及市场销售等具体情况，制订孵化计划，以便孵化工作有序进行。

（3）检修、试温和消毒

入孵前一周应对孵化机全面进行维修，包括马达、电热丝、继电器、导电表、风扇、配电盘、全部线路以及蛋盘等，对温度计进行校正并试温，如连续两三天机械运行和温度调控正常，机内温差不超过0.5～1℃，即可进行熏蒸消毒（方法与种蛋熏蒸消毒方法相同），准备入孵。

（4）其他准备

准备好种蛋箱、照蛋器、清洁工具、记录表格等，重要仪表及易损物品要有备用件。还应对孵化人员进行技术培训，制订各种规章制度（包括孵化室工作制度、交接班制度及技术操作规程等），并制作孵化工作日程表。

2. 上蛋入孵

上蛋也叫装盘，种蛋经浸泡消毒或装盘熏蒸消毒后入孵。如果计划分批入孵，那么将机内蛋盘分成三批（每隔7天一批）装满，每批从蛋架各方位抽出1/3蛋盘，使各批次相互交错，以便"老蛋"孵"新蛋"，互相调节温度。放蛋时，蛋的大头朝上，小头朝下，要求蛋与蛋之间要有一定缝隙。

入孵前将放有已消毒种蛋的蛋盘放在20～25℃的孵化室中预热12小时。正式开机入孵的时间安排在下午4～6点较好，这样大量出雏会在白天，便于管理。入孵后在蛋盘上贴上标签，标明批次、入孵时间和品种名称，并做好记录。

3. 孵化过程中孵化条件的控制与掌握

孵化条件控制是否得当，对孵化率及雏鸡的质量高低有很大的影响。

（1）温度的控制与调节

温度是孵化的首要条件，现代化的孵化机都具有比较完善的自动化控温装置，在管理上主要应注意温度的变化与调节。分批入孵多采用恒温孵化，即入孵后的1～18天孵化机内温度应控制在37.8℃，19～21天机内的温度应定为37.5～37.3℃；如果采用整批入孵（一台孵化机一次装满种蛋）则多采用变温孵化，即孵化的1～7天机内温度应定为38.0℃，8～18天为37.8℃，19～21天为37.5～37.2℃。孵化人员应每隔2小时检查并记录一次温度，自动控温仪调整好温度后，切勿随意乱动，保持孵化温度的相对稳定。

（2）湿度的调节

湿度的大小由孵化机内的水分蒸发器或水盘面大小来控制。孵化的1～7天相对湿度应保持在60%～65%，8～18天为50%～55%，19～21天为65%～70%，以利于胚胎的正常发育。一般用干湿球温度计来显示孵化机内湿度的大小，对于非自动调湿的孵化机，每天要定时往水盘内加水以保证正常的湿度。

（3）翻蛋

一般自动翻蛋的孵化机每2小时会翻蛋一次；手工摇动翻蛋或用手翻蛋，应每隔2～4小时翻蛋一次，翻蛋动作要轻、稳、慢。

（4）通风

通风的目的是促使孵化机内的空气对流和保持空气新鲜，尤其在孵化后期要特别注意孵化机和孵化室的通气状况，在维持正常温度、湿度的基础上加大通气量，防止胚胎闷死或烧死。

4. 照蛋

在孵化过程中为检查鸡胚的发育是否正常，必须进行照蛋检查，在整个21天的孵化期中要进行2～3次照蛋。通过灯光透视观察胚蛋内的发育情况，以便及时验出无精蛋、死胚蛋，同时根据胚胎的发育情况进行看胎施温，调整孵化条件。每次照蛋剔拣出的各种蛋要做好记录，以便计算孵化成绩。

第一次照蛋在入孵后的5～7天进行，将无精蛋、死胚蛋、破壳蛋剔除。第二次照蛋在种蛋入孵后的10～11天进行，一般进行抽样检查，主要目的是观察胚胎的发育情况，看孵

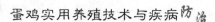

化条件是否合适，以便及时调整孵化条件，尤其是温度。第三次照蛋一般在入孵的18～19天进行，照蛋后将活胚蛋转入出雏机继续孵化、出壳。

5. 移盘

移盘又称为转盘，在种蛋入孵后的18～19天进行，将经过最后一次照蛋的、正常的活胚蛋由孵化盘内转移到出雏盘内，并移到出雏机内继续孵化、出壳。此时应适当改变孵化条件，即停止翻蛋，温度降到37.3～37.5℃，加大通风，增大湿度，准备雏鸡出壳。移盘转蛋时动作要求稳、快，胚胎不能受凉，尽量防止碰破胚蛋。

6. 雏鸡出雏与人工助产

发育正常的鸡胚孵化满20天时就开始出壳，20天半时已出大半，满21天时即可基本出完。为保证雏鸡正常出壳，此时应关闭出雏机内的照明灯，不可经常打开机门，每隔4小时待绒羽干后取出一批雏鸡。对于已啄壳但无力破壳而出的雏鸡应进行人工助产，轻轻剥离外壳及壳膜，将头、颈、翅拉出壳外后放回出雏盘内让其自然脱壳，如发现尿囊血管鲜红则应停止助产。

7. 清扫与消毒

一般种蛋孵化到22天末，出壳基本结束后应立即清扫出雏机内的胎毛和污物。先用钢丝刷将出雏盘、水盘等上的胎粪和壳皮刷掉，再用清水冲洗，最后用5%的来苏尔或0.1%的新洁尔灭药液喷洒消毒，晾干后将各项用具放回原处，关上机门，准备下次再用。

8. 停电时采取的措施

一般大型孵化场都应准备发电机。如果没有发电机而停电又超过6小时则必须采取相应措施，早期应关好孵化机内的进气孔和出气孔，减少数量的扩散；也可在孵化箱底部放50℃的热水进行补温。另外也可以通过加热措施提高室内温度至34～36℃，打开机门形成一个大暖房。

9. 做好孵化记录

每次人工孵化应将上蛋日期、种蛋来源、品种名称、种蛋数、照蛋情况、无精蛋数、死胚蛋数、孵化期内温度等记录下来，以便统计孵化成绩，总结经验教训，采取相应措施，提高孵化率。

第四章　蛋鸡营养需要与饲料配合

第一节　蛋鸡的营养需要

营养因素可以影响蛋鸡所产蛋的数量、大小和营养成分。因此，了解蛋鸡的营养需要可以使蛋鸡的生产性能得以充分发挥。蛋鸡需要的营养主要有能量、蛋白质、矿物质、维生素、水等。

一、能量

能量的摄入量是影响蛋重和产蛋量的重要因素。足够的能量供应，可使蛋鸡将蛋白质尽可能地用于增加蛋重和产蛋量，能有效地提高生产性能。当能量供应不足时，开始会导致蛋体变小、蛋重变轻，长期不足会导致产蛋量下降，甚至停止产蛋，严重影响了蛋鸡的生产力，减少了经济效益。而当能量供应过量时，会使蛋鸡体内脂肪过量沉积，蛋鸡过肥，会导致产蛋量下降，并且能量供应过量还会增加饲料成本。合理地为蛋鸡提供能量，既能使蛋鸡的生产性能得到充分发挥，还能降低饲料成本。蛋鸡的能量需要可以分为维持和产蛋两个部分。维持需要取决于体重和环境温度，产蛋需要取决于产蛋量与蛋的大小。

1. 维持的能量需要

蛋鸡维持的能量需要主要由基础代谢与非生产性活动所需能量两个部分组成。成年蛋鸡每千克体重基础代谢能需要约为431千焦，其自由活动耗能约为基础代谢能的37%～50%。

2. 产蛋的能量需要

蛋鸡产蛋的能量需要主要取决于蛋中的能量及饲料代谢能用于产蛋的效率。一枚重量为50~60克的蛋，含能量290~380千焦，饲料代谢能用于产蛋的效率约为65%，故每产一枚50~60克的蛋需446~585千焦的代谢能。

3. 关于蛋鸡饲料能量水平存在的误区

蛋鸡因能而食，降低日粮能量水平，蛋鸡可以通过增加采食量来调节，但是蛋鸡的因能而食有一定的限制。蛋鸡采食低能量日粮，能量摄入量很难达到需要量，也会延长采食时间，增加了采食行为的耗能，降低了饲料能量的利用率。采食低能量日粮还会因为摄入能量低而影响产蛋率。

蛋鸡采食量高也不完全是因为日粮能量低。试验表明，蛋鸡的采食量会随氨基酸浓度的降低而增加，蛋鸡通过增加采食量来弥补第一限制性氨基酸的缺乏。

二、蛋白质

1. 蛋白质——生命的物质基础

蛋白质的主要作用：①构建和修复组织细胞（神经、肌肉、血液、内脏）；②为机体提供能量；③构成酶、激素、抗体以及神经递质等；④维持正常的血浆渗透压；⑤维持机体的酸碱平衡；⑥输送氧气及营养物质（运铁蛋白、钙结合蛋白、视黄醇结合蛋白等）；⑦维持机体正常的免疫功能（免疫球蛋白等）；⑧为生产活动提供物质基础（蛋鸡产蛋等）。

2. 蛋白质是动物体不可缺少的物质

蛋白质摄入不足会造成一系列严重后果，如消瘦，生长发育迟缓，容易疲劳，免疫力下降，贫血，易休克，视觉差，创伤、骨折后不容易愈合，病后恢复慢，营养性水肿等。对于产蛋鸡而言，蛋白质摄入不足将大大降低产蛋率。

但是蛋白质的摄入量也不是越多越好，蛋白质摄入过量也会给机体带来不良后果。动物体摄入过量蛋白质，可能会因代谢障碍产生蛋白质中毒甚至死亡，如禽痛风；摄入过量蛋白质也会造成蛋白质饲料的浪费，增加了饲料成本；摄入过量的蛋白质后，粪便中的含氮类物质会大大增加，会对环境造成一定程度的污染。

3. 产蛋鸡的蛋白质需要

根据析因法可将蛋白质需要分为维持需要和产蛋需要。

（1）产蛋鸡蛋白质的维持需要

产蛋鸡蛋白质的维持需要可根据内源氮排出量估测。产蛋前期每只鸡每日可排出内源氮约272毫克，约为1.74克蛋白质；产蛋后期（42周龄后）每只鸡每日的内源氮排出量约为312毫克，约为1.93克蛋白质。饲料中的蛋白质用于维持的效率约为55%，则产蛋前期蛋白质的维持需要约为3.1克/天，产蛋后期蛋白质的维持需要约为3.5克/天。

（2）产蛋鸡蛋白质的产蛋需要

鸡蛋中的蛋白质含量约为蛋重的12%，一枚50～60克的鸡蛋中约含6.0～7.2克蛋白质。饲料中蛋白质用于产蛋的效率约为50%，则产一枚50～60克的鸡蛋需要12.0～14.4克蛋白质。

4. 蛋白质采食量与饲料能量浓度的关系

一般而言，日粮中的代谢能每增加100千焦，产蛋鸡采食量减少0.7%～0.8%。为保证产蛋鸡摄入足量且相对恒定的蛋白质，日粮中的能量与蛋白质比例应保持在一定水平且相对稳定。

三、矿物质

矿物质具有参与代谢和调节的作用。其主要作用：①构成机体组织；②维持水、电解质平衡；③维持组织细胞渗透压；④维持酸碱平衡；⑤维持神经、肌肉的兴奋性和细胞膜的通透性；⑥构成体内生物活性物质，参与酶系统的激活；⑦参与机体代谢，参与新陈代谢。

根据矿物质元素在动物体内含量的多少将矿物质元素分为常量元素和微量元素。常量元素主要有：钙、磷、钠、钾、镁、硫、氯等。微量元素主要有：铁、钴、锰、铜、锌、硒、碘、钼、铬等。

1. 常量元素

（1）钙

产蛋鸡对钙的需要量是非产蛋鸡的数倍（表4-1），因为蛋壳的主要成分为碳酸钙。一枚蛋约含2.2克钙，中等体形、年产蛋量300枚的蛋鸡由蛋排出的钙就有约680克，相当于一只蛋鸡全身钙含量的30倍。蛋中的钙主要来自饲料和体组织两个方面，如果饲料中钙含量不够，则只能动用蛋鸡自身组织的钙用于产蛋，但是蛋鸡骨骼中空，骨量小，体内组织含钙量有限，动员体组织中的钙用于产蛋也仅能产数枚蛋。因此，产蛋鸡日粮中的钙供给一定要充足。日粮中钙含量不足会导致产蛋量下降，易产软壳蛋等。

饲料中钙的利用率为50%～60%，每产一枚蛋需要3～4克钙，所以日粮含钙量应不低于3%，炎热环境下日粮含钙量还需要提高到4.0%～4.5%。

表4-1 商品代蛋鸡的钙需要量推荐值

Ca	周龄
3.75%	19~28
3.75克/（只·天）	29~36
4.00克/（只·天）	37~52
4.25克/（只·天）	53及以后

（引自呙于明，家禽营养第3版，2016）

（2）磷

磷是产蛋鸡所需的必不可少的矿物质元素之一。在蛋的组成成分中，蛋壳中约含磷20毫克，蛋内容物（主要为蛋黄）中约含磷120毫克。

产蛋鸡饲料中，磷很大一部分来自植物性饲料，植物性饲料中的磷主要以植酸磷的形式存在，不能被家禽充分利用（可通过添加植酸酶提高对磷的利用率）。产蛋鸡缺磷时会出现产蛋量下降、蛋重变小及蛋壳变薄等现象。确定饲料中磷的需要量时，不仅要考虑总磷含量，还需要充分地考虑有效磷的含量，一般有效磷约占总磷的30%。考虑到饲料中钙的含量及钙磷吸收的关系，钙磷比为5~6：1。

（3）钠

钠在动物体内主要参与维持体内的水平衡、渗透压与酸碱平衡，加强肌肉的兴奋性等。补充钠还可促进饲料中氮的利用。产蛋鸡缺钠易形成啄癖，同时也伴有产蛋率下降和蛋重减轻等不良现象。

（4）镁

鸡蛋含镁量为25毫克，其中蛋黄含镁量为2毫克，蛋白含镁量为4.3毫克，蛋壳和壳膜含镁量为18.7毫克，鸡蛋中镁主要集中在蛋壳。饲粮含镁量为500~600毫克/千克就能满足各年龄段蛋鸡生长、生产和繁殖的需要。饲粮中缺镁时，将导致蛋鸡采食量下降、产蛋减少、蛋壳变薄等。但高镁饲粮也不利于蛋鸡的生产，蛋鸡饲粮镁含量超过0.7%会导致其排极稀的粪便，超过1%会影响产蛋。

2. 微量元素

（1）铁

铁是构成血红蛋白、肌红蛋白、细胞色素A及某些呼吸酶的主要成分之一；参与体内氧和二氧化碳的转运、交换、以及组织的呼吸过程；参与脂类在血液中的转运；参与药物在肝脏中的解毒。蛋鸡的铁需要量为50~80毫克/千克，常规饲粮中含铁量为60~80毫克/

千克，成年蛋鸡体内铁的存留率为5%~10%，蛋鸡从每千克饲粮中可获取铁3~4毫克，其中有1~1.5毫克进入蛋中。产蛋率越高的蛋鸡对铁的需要量就越高。

缺铁主要发生在产蛋率高的蛋鸡和雏鸡上，主要表现为贫血、易疲劳及活力下降等。一般情况下，天然饲料中铁的含量是可以满足鸡生长和产蛋需要的，只有在饲粮中铁含量低于15毫克/千克时才会出现铁缺乏症。产蛋鸡饲粮中铁含量过量时，则会导致煮熟的鸡蛋黄外层呈现墨绿色。蛋鸡对饲粮中铁的耐受剂量为1000~1500毫克/千克。

（2）铜

饲粮中加入适量的铜可以促进蛋鸡促黄体素、雌激素和孕酮的分泌，从而提高产蛋鸡的生产性能。产蛋鸡对铜的最低需要量为每千克饲粮中含铜3~5毫克。一般情况下，蛋鸡饲粮中不需要额外地添加铜，蛋鸡饲料中的铜含量可以满足需要。

产蛋鸡食用含铜0.7~0.9毫克/千克的低铜饲粮会导致产蛋量下降、蛋的孵化率降低等。含铜250毫克/千克的高铜饲粮对蛋鸡的生长有促进作用。但是，含铜大于300毫克/千克的高铜饲粮则会导致产蛋鸡出现精神抑郁、羽毛蓬乱、肌胃腺胃糜烂、呕吐、腹泻、肠道弥散性出血性炎症、便血、厌食、黏膜黄疸、生产性能下降甚至死亡。

（3）硒

硒是蛋鸡必需的一种微量元素，它是蛋鸡体内某些酶、维生素以及某些组织成分中不可缺少的元素，是蛋鸡生长、发育和防止许多疾病发生所必需的。硒在蛋鸡体内不同部位占比是不同的，其中一枚常规鸡蛋含硒量为10~15微克。但鸡蛋中的硒含量不是一成不变的，跟饲粮中的硒含量相关。产蛋鸡饲粮中硒含量从2.5毫克/千克升高为10毫克/千克，蛋黄硒含量就会由3.6毫克/千克变为8.4毫克/千克，蛋白硒含量就会由11.3毫克/千克变为41.3毫克/千克。实际生产中常根据此原理来生产富硒鸡蛋。

产蛋鸡对硒的最低需要量约为每千克饲粮中含硒0.1毫克，缺硒会导致产蛋率下降、受精率降低等。硒过量会导致中毒，产蛋鸡硒的中毒剂量为最低需要量的10~20倍，中毒症状表现为精神萎靡、神经功能紊乱、消瘦、生产性能下降、皮肤粗糙、羽毛脱落、种蛋孵化率降低及胚胎畸形等。

（4）锌

锌也是蛋鸡必需的一种微量元素。产蛋鸡对锌的最低需要量为每千克饲粮中含锌40毫克，一般饲粮中的锌含量为25~30毫克/千克，是不能满足产蛋鸡需要的，必须额外补充。产蛋鸡缺锌则会表现食欲不振，采食量下降，卵巢、输卵管发育不良，产蛋量和蛋品质下降等。而锌过量会导致产蛋鸡卵巢及输卵管萎缩，产蛋率下降。

四、维生素

维生素是机体代谢过程中必不可少的低分子有机化合物。生命机体不断地进行着各种生化反应，这些反应与酶的催化作用有着密切关系。酶要产生活性，必须有辅酶参与。已知许多维生素是酶的辅酶或者是辅酶的组成分子，因此，维生素是维持和调节机体正常代谢的重要物质。维生素大部分不能在体内合成，或者合成量不足，不能满足机体需要。因而，必须从食物中摄取。

产蛋鸡需要各种维生素，尤其需要注意维生素A、维生素D、维生素B_2等的供给量。

维生素A：维持正常视力，预防夜盲症；维持上皮细胞组织健康；促进生长发育；增强抵抗力；预防和治疗干眼病。产蛋鸡对维生素A的需要量一般为1000～5000国际单位。产蛋鸡缺乏维生素A会导致产蛋量下降、种蛋受精率降低等。维生素A过量（视黄醇用量达到最低需要量的500倍，视黄酸用量达到最低需要量的50～100倍）会引起中毒，表现为食欲减退、采食量下降、生长减慢等。

维生素D：调节动物体内钙和磷的代谢，促进钙、磷的吸收利用，加速骨骼成长。产蛋鸡缺乏维生素D会导致产蛋量下降、孵化率降低、骨骼脆弱、蛋壳质量差、薄壳蛋或无壳蛋增加。试验表明，产蛋鸡饲粮中不含维生素D_3，产蛋量及蛋壳质量迅速下降，当重新补充维生素D_3后，产蛋量和蛋壳质量很快就恢复到正常水平。短期（60天以内）饲喂时，产蛋鸡日粮中维生素D_3的含量不宜超过4000国际单位/千克；长期（60天以上）饲喂时不宜超过2800国际单位/千克。维生素D摄入过量会导致组织和器官退化和钙化，使产蛋鸡心力衰竭、关节强直、食欲下降，甚至废绝、生长停滞等。

维生素B_2（核黄素）：促进机体生长发育，保护眼睛和皮肤的健康。产蛋鸡对维生素B_2的最低需要量为每千克饲粮中含维生素B_2 2～4毫克。产蛋鸡对维生素B_2摄入不足会导致足爪向内弯曲、用跗关节行走、腿麻痹、腹泻、产蛋量下降、蛋白稀薄、孵化率下降等。

五、水

水的主要作用：①体液的主要组成成分，构成细胞、组织和血浆的重要物质；②运输的媒介，运输各种营养素和物质的介质；③参与机体的各种代谢；④溶解多种营养成分。

产蛋鸡的生命活动离不开水，进行产蛋活动也离不开水。如果水的摄入量不足将会导致采食量和产蛋量下降，严重还会导致中暑甚至死亡。但是短时间大量饮水也会出现水中毒。

蛋鸡养殖过程中应随时注意水的供应，还需要注意水的清洁，用水一定要干净卫生，不要使用被污染的水。使用被污染的水会导致蛋鸡的患病率上升，不利于蛋鸡的生产。

第二节 蛋鸡常用饲料

饲料是动物的营养来源，每一种饲料都有各自的产品属性和营养属性，其来源、性状、营养价值的高低都会影响对饲料的利用。

饲料种类繁多，为了合理而经济的利用饲料，对饲料进行了分类，目前比较主流的分类方式是将饲料分为了8大类，分别为：粗饲料、青绿饲料、青贮饲料、能量饲料、蛋白质饲料、矿物质饲料、维生素饲料和饲料添加剂。

蛋鸡常用的饲料主要为能量饲料、蛋白质饲料、矿物质饲料、维生素饲料及饲料添加剂。

一、能量饲料

能量饲料主要指饲料干物质中粗纤维含量小于18%，粗蛋白质含量小于20%的饲料。主要包括谷实类饲料，糠麸类饲料，根茎、瓜果类饲料，动植物油脂类饲料等。蛋鸡使用的能量饲料主要为谷实类饲料。

谷实类饲料的消化率很高，有效能值也很高，是生产上最重要的能量饲料。谷实类饲料主要有玉米、小麦、碎米等。这类饲料的共同特点是无氮浸出物含量特别高，一般都在70%以上；粗纤维含量低，一般在5%以内。在蛋白质方面，谷实类饲料的氨基酸不够平衡，含赖氨酸、蛋氨酸和色氨酸较少；在矿物质方面，钙含量较低，磷主要以植酸磷的形式存在；在维生素方面，维生素 B_1 和维生素 E 含量较高，但维生素 C 和维生素 D 含量较低。

谷实类饲料中玉米的使用最为广泛，也是使用量最大的一类饲料。玉米的有效能值最高，但是玉米缺乏蛋白质，且蛋白质品质差，色氨酸和赖氨酸严重不足，在配制日粮时需要用饼粕类饲料（以大豆粕为主）、鱼粉或合成氨基酸进行调配平衡。此外，玉米在使用的时候还需要添加钙、磷等矿物质，以及维生素进行补充。

二、蛋白质饲料

蛋白质饲料是指饲料干物质中粗纤维含量小于18%，粗蛋白质含量大于或等于20%的饲料。主要包括植物性蛋白质饲料、动物性蛋白质饲料、微生物蛋白质饲料及工业合成的氨基酸和饲用非蛋白氮等。

1. 植物性蛋白质饲料

植物性蛋白质饲料主要有大豆饼粕、菜籽饼粕、花生饼粕、玉米蛋白粉等。

大豆饼粕是饼粕类饲料中营养价值最高的饲料，也是配制饲料时使用最多的蛋白质饲料。大豆饼粕的蛋白质含量为42%～46%，且是赖氨酸、色氨酸、甘氨酸的良好来源，所含矿物质中钙多磷少，磷主要为植酸磷，B族维生素含量较高。大豆饼粕含有抗营养因子，使用前需要高温熟化。

2. 动物性蛋白质饲料

动物性蛋白质饲料主要有鱼粉、肉骨粉、血粉等。其中，鱼粉是最优质的动物性蛋白质饲料之一，蛋白质含量较高，超过了60%，且所含必需氨基酸比较齐全，营养价值很高。钙和磷等矿物质含量丰富，易于消化吸收，维生素含量较高，是最佳的蛋白质补充饲料之一。

3. 合成氨基酸

常用的合成氨基酸主要有L–赖氨酸、DL–蛋氨酸。

（1）L–赖氨酸

一般商用赖氨酸均为L–赖氨酸，赖氨酸盐纯度一般为98.5%，其中L–赖氨酸含量为80%，因而产品中L–赖氨酸实际含量为78.8%。

（2）DL–蛋氨酸

商品蛋氨酸一般为DL–蛋氨酸，纯度大于98.5%。人工合成的DL–蛋氨酸与天然存在的L–蛋氨酸生物学效价完全相同。

赖氨酸和蛋氨酸均为"玉米–豆粕型"饲料中的重要限制性氨基酸，补充赖氨酸、蛋氨酸可使日粮中的必需氨基酸趋于平衡，提高饲料中蛋白质的利用率，在动物营养方面具有重要功能。

三、矿物质饲料

矿物质饲料是指天然和工业合成的矿物质含量丰富的饲料，如食盐、石粉、贝壳粉、磷酸氢钙等。

常量矿物元素如钙、磷、钠、氯等都是以矿物质饲料原料的形式直接添加到饲料中的，如食盐、蛋壳粉、磷酸氢钙等。

微量矿物元素如铁、铜、锰、锌、硒等都是以添加剂预混料的形式添加到饲料中的。

四、维生素饲料

维生素饲料是指由工业合成或纯化的单一或复合的维生素，包括脂溶性维生素饲料和水溶性维生素饲料，但不包括某种维生素含量高的饲料，如胡萝卜等。脂溶性维生素饲料包括维生素 A、维生素 D、维生素 E、维生素 K；水溶性维生素饲料包括维生素 C 和 B 族维生素。

五、饲料添加剂

饲料添加剂指为利于养分的消化吸收，改善饲料品质，促进动物生长和繁殖，保障动物健康而掺入饲料中的少量或微量物质。本类饲料主要指非营养性添加剂，是不包括矿物质饲料、维生素饲料和氨基酸的其他微量添加剂饲料，主要包括促生长剂、抗氧化剂、防霉剂、抗球虫蠕虫剂、增色剂、调味剂及其他药物添加剂等。

第三节　蛋鸡的日粮配合

不同品种、不同年龄、不同生产阶段的蛋鸡对能量和各种营养物质的需要，在数量和质量上存在很大的差异。按照蛋鸡的不同品种、不同年龄、不同生产阶段进行饲料配制，有助于提高蛋鸡的生产效率，也可提高饲料的利用率。

一、蛋鸡的饲养标准

所谓饲养标准，是指根据动物的种类、性别、年龄、体重、生产用途及生产水平的不同，科学地规定每种动物每日应获取的各种营养物质的量。但是在依据饲养标准中的营养定额拟定饲料配方和饲养计划时，也要注意灵活性，不能生搬硬套，要按照实际的生产水平和饲料、饲养条件，对饲养标准进行调整。

饲养标准参见《中华人民共和国专业标准鸡的饲养标准》（ZB B 43005—86），详见表 4-2、表 4-3、表 4-4 所示。

蛋鸡实用养殖技术与疾病防治

表4-2　生长期蛋鸡的代谢能、粗蛋白质、氨基酸、钙、磷及食盐需要量

项目		周龄		
		0～6	7～14	15～20
代谢能	兆焦耳/千克	11.92	11.72	11.30
	兆卡/千克	2.85	2.80	2.70
粗蛋白质	%	18.0	16.0	12.0
蛋白能量比	克/兆焦耳	15.0	14.0	11.0
	克/兆卡	63.0	57.0	44.0
钙	%	0.80	0.70	0.60
总磷	%	0.70	0.60	0.50
有效磷	%	0.40	0.35	0.30
食盐	%	0.37	0.37	0.37

氨基酸	%	克/兆焦耳	克/兆卡	%	克/兆焦耳	克/兆卡	%	克/兆焦耳	克/兆卡
蛋氨酸	0.30	0.25	1.05	0.27	0.23	0.96	0.20	0.18	0.74
蛋氨酸＋胱氨酸	0.60	0.50	2.11	0.53	0.45	1.89	0.40	0.35	1.48
赖氨酸	0.85	0.71	2.98	0.64	0.55	2.29	0.45	0.39	1.67
色氨酸	0.17	0.14	0.60	0.15	0.13	0.54	0.11	0.10	0.41
精氨酸	1.00	0.84	3.51	0.89	0.76	3.18	0.67	0.59	2.48
亮氨酸	1.00	0.84	3.51	0.89	0.76	3.18	0.67	0.59	2.48
异亮氨酸	0.60	0.50	2.11	0.53	0.45	1.89	0.40	0.35	1.48
苯丙氨酸	0.54	0.45	1.89	0.48	0.41	1.71	0.36	0.32	1.33
苯丙氨酸＋酪氨酸	1.00	0.84	3.51	0.89	0.76	3.18	0.67	0.59	2.48
苏氨酸	0.68	0.57	2.39	0.61	0.52	2.18	0.37	0.33	1.37
缬氨酸	0.62	0.52	2.18	0.55	0.47	1.98	0.41	0.36	1.52
组氨酸	0.26	0.22	0.91	0.23	0.20	0.82	0.17	0.15	0.63
甘氨酸＋丝氨酸	0.70	0.59	2.46	0.62	0.53	2.21	0.47	0.42	1.74

注：表格引自《中华人民共和国专业标准鸡的饲养标准》（ZB B 43005–86）。

表4-3　产蛋期蛋鸡的代谢能、粗蛋白质、氨基酸、钙、磷及食盐需要量

项目		产蛋率		
		大于80%	65%~80%	小于65%
代谢能	兆焦耳/千克	11.5	11.5	11.5
	兆卡/千克	2.75	2.75	2.75
粗蛋白质	%	16.5	15.0	14.0
蛋白能量比	克/兆焦耳	14.0	12.0	12.0
	克/兆卡	60.0	54.0	51.0
钙	%	3.50	3.40	3.20
总磷	%	0.60	0.60	0.60
有效磷	%	0.33	0.32	0.30
食盐	%	0.57	0.37	0.37

氨基酸	%	克/兆焦耳	克/兆卡	%	克/兆焦耳	克/兆卡	%	克/兆焦耳	克/兆卡
蛋氨酸	0.36	0.31	1.31	0.33	0.29	1.20	0.31	0.27	1.13
蛋氨酸+胱氨酸	0.63	0.55	2.29	0.57	0.49	2.07	0.53	0.46	1.93
赖氨酸	0.73	0.63	2.65	0.66	0.57	2.40	0.62	0.54	2.25
色氨酸	0.16	0.14	0.58	0.14	0.12	0.51	0.14	0.12	0.51
精氨酸	0.77	0.67	2.80	0.70	0.61	2.55	0.66	0.57	2.40
亮氨酸	0.83	0.72	3.02	0.76	0.66	2.76	0.70	0.61	2.55
异亮氨酸	0.57	0.49	2.07	0.52	0.45	1.89	0.48	0.42	1.75
苯丙氨酸	0.46	0.40	1.67	0.41	0.36	1.49	0.39	0.34	1.42
苯丙氨酸+酪氨酸	0.91	0.79	3.31	0.83	0.72	3.02	0.77	0.67	2.80
苏氨酸	0.51	0.44	1.85	0.47	0.41	1.71	0.43	0.37	1.56
缬氨酸	0.63	0.55	2.29	0.57	0.49	2.07	0.53	0.46	1.93
组氨酸	0.18	0.16	0.65	0.17	0.15	0.62	0.15	0.13	0.55
甘氨酸+丝氨酸	0.57	0.49	2.07	0.52	0.45	1.89	0.48	0.42	1.75

注：表格引自《中华人民共和国专业标准鸡的饲养标准》(ZB B 43005−86)。

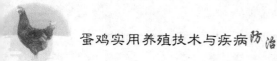
蛋鸡实用养殖技术与疾病防治

表4-4 蛋鸡的维生素、亚油酸及微量元素需要量（每千克饲粮中含量）

营养成分	0～6周龄	7～20周龄	产蛋鸡	种母鸡
维生素A/国际单位	1500	1500	4000	4000
维生素D₃/国际单位	200	200	500	500
维生素E/国际单位	10	5	5	10
维生素K/毫克	0.5	0.5	0.5	0.5
硫胺素/毫克	1.8	1.3	0.8	0.8
核黄素/毫克	3.6	1.8	2.2	3.8
泛酸/毫克	10	10	10	10
烟酸/毫克	27	11	10	10
吡哆醇/毫克	3.0	3.0	3.0	4.5
生物素/毫克	0.15	0.10	0.10	0.15
胆碱/毫克	1300	500*	500	500
叶酸/毫克	0.55	0.25	0.25	0.35
维生素B₁₂/毫克	0.009	0.003	0.004	0.004
亚油酸/克	10	10	10	10
铜/毫克	8	6	6	8
碘/毫克	0.35	0.35	0.30	0.30
铁/毫克	80	60	50	60
锰/毫克	60	30	30	60
锌/毫克	40	35	50	65
硒/毫克	0.15	0.10	0.10	0.10

注：① *胆碱在7～14周龄为900毫克。

② 表格引自《中华人民共和国专业标准鸡的饲养标准》（ZB B 43005-86）。

二、饲料配制

蛋鸡饲料需要考虑以下的价值点：① 饲料的稳定性，减少饲料应激；② 营养的平衡性；③ 饲料的高效性；④ 饲料的保健与绿色；⑤饲料的低成本和优良的性价比。

1. 蛋鸡饲料配制特点

（1）不同时期对钙的要求差别大

雏鸡和青年鸡阶段饲料中的钙含量要求为0.9%～1.1%，而在产蛋期间则应达到3.3%～3.5%。非产蛋期饲料中钙含量高会造成钙代谢障碍、诱发肾脏尿酸盐沉积、排稀便等。而产蛋期钙不足会造成蛋壳变薄、破蛋率升高、诱发软骨症和笼养鸡产蛋疲劳综合征。

（2）雏鸡和产蛋鸡饲料营养浓度高

雏鸡阶段生长发育快，但是其采食量小、消化机能差，需要高营养浓度的饲料才能满足其需要。产蛋阶段的鸡每天用于产蛋的营养量大，同时饲料中需要使用较多的石粉或贝壳粉为产蛋鸡提供钙，其他营养浓度低的饲料原料应严格控制使用。

2. 蛋鸡饲料配方

饲料配方的选择，要因地制宜，结合当地实际情况灵活选择。尤其是蛋白质饲料的选择，一般可以少用鱼粉或完全不用鱼粉。但在条件允许的情况下，添加部分鱼粉效果更佳，不过在选购鱼粉时要特别注意质量。下面列举几个配方，仅做参考。

（1）蛋鸡饲料配方一

① 育雏期饲料配方：

a. 玉米62%、麦麸3.2%、豆粕31%、磷酸氢钙1.3%、石粉1.2%、食盐0.3%、添加剂1%。

b. 玉米61.7%、麦麸4.5%、豆粕24%、鱼粉2%、菜粕4%、磷酸氢钙1.3%、石粉1.2%、食盐0.3%、添加剂1%。

c. 玉米62.7%、麦麸4%、豆粕25%、鱼粉1.5%、菜粕3%、磷酸氢钙1.3%、石粉1.2%、食盐0.3%、添加剂1%。

② 育成期饲料配方：

a. 玉米61.4%、麦麸14%、豆粕21%、磷酸氢钙1.2%、石粉1.1%、食盐0.3%、添加剂1%。

b. 玉米60.4%、麦麸14%、豆粕17%、鱼粉1%、菜粕4%、磷酸氢钙1.2%、石粉1.1%、食盐0.3%、添加剂1%。

c. 玉米61.9%、麦麸12%、豆粕15.5%、鱼粉1%、菜粕4%、棉粕2%、磷酸氢钙1.2%、石粉1.1%、食盐0.3%、添加剂1%。

③ 产蛋期饲料配方：

a. 玉米58.4%、麦麸3%、豆粕28%、磷酸氢钙1.3%、石粉8%、食盐0.3%、添加剂

1%。

b.玉米57.9%、麦麸4%、豆粕21.5%、鱼粉2%、菜粕4%、磷酸氢钙1.3%、石粉8%、食盐0.3%、添加剂1%。

c.玉米57.4%、麦麸3%、豆粕20%、鱼粉2%、菜粕4%、棉粕3%、磷酸氢钙1.3%、石粉8%、食盐0.3%、添加剂1%。

以上配方中的添加剂可直接购买商品饲料添加剂，其主要含维生素、微量元素、蛋氨酸、赖氨酸等物质。

（2）蛋鸡饲料配方二

蛋鸡饲料配方二详见表4-5、表4-6、表4-7所示。

表4-5　海兰褐蛋鸡产蛋期饲料配方及营养水平

原料	配比（%）	营养成分	营养水平
玉米	57.49	代谢能（千卡/千克）	2660
豆粕	26	粗蛋白（%）	16.56
大豆油	1.80	蛋氨酸（%）	0.44
鱼粉	1	赖氨酸（%）	0.91
复合维生素	0.04	苏氨酸（%）	0.68
复合微量元素	0.12	钙（%）	4.10
石粉	11	总磷（%）	0.51
胆碱	0.40	有效磷（%）	0.40
DL-蛋氨酸	0.18		
L-赖氨酸	0.10		
苏氨酸	0.60		
磷酸二氢钙	0.80		
食盐	0.26		
小苏打	0.18		
植酸酶	0.03		
合计	100		

（引自赵君和，开产商品蛋鸡简单配方设计，2020）

表4－6 产蛋鸡饲料配方及营养水平

原　料	配比（%）	营养成分	营养水平
玉米	60	代谢能（兆焦耳/千克）	11.06
麸皮	4	粗蛋白（%）	17.04
豆粕	17.50	钙（%）	3.53
棉粕	4	有效磷（%）	0.35
花生仁饼	4	赖氨酸（%）	0.76
石粉	8.10	蛋氨酸（%）	0.36
磷酸氢钙	1		
骨粉	0.60		
小苏打	0.10		
食盐	0.25		
DL－蛋氨酸	0.02		
L－赖氨酸	0.14		
复合维生素	0.04		
复合微量元素	0.15		
胆碱	0.10		
合计	100		

（引自马韵淇、李泽溦，无公害蛋鸡饲料配方研究，2018）

表4－7 褐壳蛋鸡产蛋期饲料配方及营养水平（产蛋率＞85%）

原　料	配比（%）	营养成分	营养水平
玉米	56.12	代谢能（兆焦耳/千克）	10.70
麸皮	1.50	粗蛋白（%）	16.50
豆粕	8.50	钙（%）	3.30
棉粕	15	总磷（%）	0.65
菜粕	3	赖氨酸（%）	0.90
沸石粉	1.50	蛋氨酸（%）	0.35
DDGS	5		
磷酸氢钙	0.60		

（续表）

原　料	配比（%）	营养成分	营养水平
白石粉	5		
贝壳粉	3		
DL－蛋氨酸	0.08		
植酸酶	0.08		
食盐	0.20		
硫酸钠	0.20		
复合微量元素	0.02		
复合维生素	0.20		
合计	100		

（引自贾淑庚等，冬季褐壳蛋鸡产蛋高峰期营养配制，2014）

第五章　鸡场的规划建设与环境控制

一、场址选择

蛋鸡场场址的选择必须综合考虑占地规模、场区周边环境、交通运输条件、区域基础设施、排水与排污条件、与其他污染源之间的隔离等因素。场址选择不当，会导致鸡场在运营过程中对周围的大气、水、土壤等环境造成污染，同时，周边的村庄、企业也可能会给鸡场带来污染。因此，场址选择是鸡场建设可行性研究的主要内容和鸡场规划建设必须面对的首要问题。

1. 地势地形

鸡场首先应选择地势高燥、背风向阳、平坦开阔、通风良好的地方建场。地势高燥有利于排水，避免雨季造成场地泥泞、鸡舍潮湿。平原地区应避免在低洼潮湿或容易积水处建场，地下水位应在2米以下。选择背风向阳的地方，冬季鸡舍温度高，降低加热费用，而且阳光充足，有助于杀灭环境中的微生物，有利于鸡群健康。山区、丘陵地区中的平坦开阔、坡度平缓的场地适宜场区规划，保证了场地的合理利用。在靠近河流、湖泊的地区要选择地势较高的地方，以防涨水时被水淹没。通风良好有利于场区空气的净化，但应避免在两山的风口处建场，风大会影响鸡舍内环境的控制，尤其是在冬季会加剧鸡群的冷应激。

2. 水源水质

鸡场水源应当充足、清洁、卫生。饮用水的卫生情况直接决定鸡群的生长与生产性能的发挥。蛋鸡生产中需要消耗较多的水，除鸡群饮用外，其他如冲洗场地、鸡舍、设备、道路，消毒，工作人员使用，绿化，夏季的喷水降温等都需要消耗一定量的水。在缺水地区建场要考虑附近的蓄水设施，尤其是在旱季一定要能够保证鸡群的用水需要。水质对鸡群的健康、饮水免疫效果、需水设施的正常运行都有影响。一般情况下，适合于人类的饮用水同样也适合鸡群。鸡场总用水量可根据饲养规模及饲养方式、工作人员的耗水量、场区灌溉绿化用水、消防用水的总和来确定。有条件的鸡场最好自行配备给水管网，以保证水质的相对稳定，也便于提高工作效率。但应注意饮水过程中，水中残留余氯对疫苗或药物效力的影响。例如，鸡场地下水源充足，水质良好，可采用打井修水塔的方式，建立供水系统，自给自足。如果在天然水塘、河流附近建场，水源附近应没有屠宰场、排放污水的工厂和城市居民点。

3. 地质土壤

选择鸡场场址需要了解地质的构造状况，如断层、陷落、塌方及地下泥沼地层。要了解土层状况，有无断裂崩塌、回填土等。土质以沙壤土为最佳，这种土壤排水良好，导热性较小，微生物不易繁殖，合乎卫生要求。混有沙砾和纯沙土的土质，夏季日照反射的热量多，会使鸡舍的温度升高，不利于防暑降温；过黏的土质排水能力差，易积水，同时，还极易导致地下管道腐蚀生锈，并常会发生水暖中断或粪水外溢等事故，使生产受到影响。

4. 气候因素

影响鸡场选址的气候因素主要包括场地的海拔高度、年均气温、最高与最低气温、年降雨量、主导风向、最大风力、日照情况、当地灾害性天气出现频率及变化等。蛋鸡对热和寒均有一定的耐受能力，但在炎热的地区，夏季的酷暑，蚊、蝇、虱、虫的骚扰，对养鸡很不利，生产效益会大为下降；在寒冷地区，隆冬的严寒常使许多种鸡产蛋下降。所以应尽量选择在长年气候温暖、夏季无高温、冬季无严寒的地区建立鸡场。

5. 交通因素

鸡场应选择交通便利的地方，方便饲料、产品等物资的运输。如一个存栏1万只的蛋鸡场，每天需要消耗饲料约1吨，生产鲜蛋约0.5吨，同时每天产生鲜鸡粪的约1吨，这些都需要及时运进运出。

6. 防疫因素

鸡场选址应当符合动物防疫条件，依据场所周边的天然屏障、人工屏障、行政区划、饲养环境、动物分布等情况，以及动物疫病的发生、流行状况等因素实施风险评估，根据评估结果确认选址。为便于防疫，新建鸡场应避开村庄、集市、屠宰场和其他鸡场，要求本地区无重大的历史疫情，有良好的自然隔离条件。鸡场周围最好是林场、林带或农田等，这样在一年中的很长时期内鸡场周围都是绿色植被，有利于改善鸡场环境和发挥自然隔离作用。

7. 供电因素

鸡场机械化和自动化程度越高则对电力的依赖性越强。鸡舍照明、种蛋孵化、饲料加工与饲喂、育雏供暖、机械通风、饮水供应、粪便清理、环境消毒以及职工生活等都离不开电。如果出现较长时间的停电而又无自备的发电设备，则生产会遭受重大损失。因此，建场前应先了解供电源的位置与鸡场的距离、最大供电负荷、是否经常停电等情况（图5-1）。鸡场必须建在距离电网较近的地方，一是减少自己建设线路的成本，二是电力供应会相对稳定。如果一旦停电，鸡舍内的换风机停摆，短时间内将导致大量蛋鸡死亡，对企业的损失会非常大。

图5-1　国家电网到长寿区标杆养鸡场配电房排查地下电缆隐患
（引自重庆晨报）

8. 环保因素

鸡场场址选择应考虑当地的土地利用和村镇建设发展计划，要符合环境保护的要求。禁止在城市和城镇居民区，包括文教科研区、医疗区、商业区、工业区、游览区等人口集中地区建场。应避开水源保护区、风景名胜区等环境敏感地区，远离主要公路、人口密集区（村庄、学校等）。

二、分区规划与布局

按建筑设施的用途，鸡场建筑共可分为五类：行政管理用房，包括行政办公室、接待室、会议室、图书资料室、财务室、值班门卫室等；职工生活用房，包括食堂、宿舍、医务室、浴室等；生产性用房，包括各种鸡舍、孵化室等；生产辅助用房，包括饲料库、蛋库、兽医室、消毒更衣室以及车库、机修配电、水泵、锅炉等用房；间接生产性用房，包括粪污处理设施等。以上一般为必需的房舍建筑，根据鸡场生产任务和规模的不同还有其他房舍，如大型工厂化养鸡场需设病鸡剖检、化验，生产统计等房舍，可根据工作性质分别列入哪类用房之内。

1. 房舍和设施的分区规划

各种房舍和设施的分区规划要从便于防疫和组织生产出发。首先应考虑保护职工的工作和生活环境，尽量使其不受饲料粉尘、粪便、气味等污染；其次要注意生产鸡群的防疫卫生，杜绝污染源对生产区的环境污染。一般行政区会与生产辅助区相连，用围墙隔开，而生活区最好自成一体。通常生活区应距行政区和生产区100米以上。粪污处理区应在主风向的下方，与生活区保持较大的距离。各区排列顺序按主导风向、地势高低及水流方向依次为生活区、行政区、辅助生产区、生产区和粪污处理区。如地势与风向不一致时，则以风向为主；风向与水流方向不一致时，也以风向为主。鸡场的分区规划，要因地制宜，根据拟建场区的自然条件——地势地形、主导风向和交通道路的具体情况进行，不能生搬硬套，采用其他鸡场的图纸。

2. 鸡舍的布置

饲养工艺决定了鸡舍的数量，不同的饲养工艺使蛋鸡的饲养分为两阶段和三阶段。两阶段饲养即育雏育成为一个阶段，成鸡为一阶段，需建两种鸡舍，一般两种鸡舍的比例是1：2。三阶段饲养即育雏、育成、成鸡均分舍饲养，一般三种鸡舍的比例是1：2：6。根据生产鸡群的卫生防疫要求，生产区最好也采用分区饲养，因此两阶段分为育雏育成区、成鸡区，三阶段分为育雏区、育成区、成鸡区，育雏区应放在上风向，然后依次是育成区和成鸡区。

3. 鸡舍的朝向

正确的朝向不仅能帮助鸡舍通风和调节舍温，而且能够使整体布局紧凑，节约土地面积。鸡舍朝向主要是根据各个地区的太阳照射和主导风向两个主要因素来确定的。一般采用坐北朝南、东西延长的鸡舍形式，此种朝向对舍内通风换气、排除污浊气体和保持冬暖夏凉等比较有利。

4. 鸡舍间距及生产区内的道路

鸡舍间距首先要考虑防疫要求、排污要求及防火要求等因素。一般取3～5倍鸡舍高度作为间距，便能满足这几个方面的要求。生产区的道路分为清洁道和污道两种，清洁道专供运输鸡蛋、饲料和转群使用，污道专用于运输鸡粪和淘汰鸡。

5. 鸡场的绿化

绿化不仅可以美化、改善鸡场的自然环境，而且对保护鸡场环境、促进安全生产、提高生产效益有明显的作用。鸡场的绿化布置要根据不同地段的不同需要种植不同的树木，以发挥各种林木的不同功能和作用。

6. 鸡舍类型

鸡舍有多种分类方法，按鸡舍的建筑形式分类，可分为密闭式鸡舍（无窗鸡舍）、普通鸡舍（有窗鸡舍）和卷帘式鸡舍；按饲养方式和设备分类，可分为平养鸡舍和笼养鸡舍；按饲养阶段分类，可分为育雏鸡舍、育成鸡舍、成年鸡舍、育雏育成鸡舍、育成产蛋鸡舍、育雏–育成–产蛋鸡舍等。下面按鸡舍建筑形式作简要介绍。

（1）密闭式鸡舍

此种鸡舍的屋顶及墙壁都使用隔热材料封闭起来，有进气孔和排风机。舍内采光常年靠人工光照，安装有轴流风机，采用机械负压通风。舍内的温度、湿度通过变换通风量和气流速度来调控。降温采用加强通风换气量，在鸡舍的进风端设置空气冷却器等方式。此种鸡舍的优点是：能够减弱或消除不利的自然因素对鸡群的影响，使鸡群能在较为稳定适宜的环境下充分发挥品种潜能，稳定高产；可以有效地控制和掌握育成鸡的性成熟，较为准确地监控营养和耗料情况，提高饲料的转化率；因鸡群几乎处于密闭的状态，可以防止野禽与昆虫的侵袭，大大减少了污染的机会，从而减少了经自然媒介传播的疾病，有利于卫生防疫管理；此种鸡舍的机械化程度高，饲养密度大，降低了劳动强度，同时由于采用了机械通风，可以减小鸡舍之间的间隔，减少了生产区的建筑面积。

（2）普通鸡舍（有窗鸡舍、开放鸡舍）

此类鸡舍可分为开放式和半开放式两种。开放式鸡舍依赖空气自然流动进行舍内通风换气，完全自然采光；半开放式鸡舍采用自然通风辅以机械通风，自然采光和人工光照相结合，在需要时利用人工光照加以补充。此类鸡舍的优点是能减少开支，节约能源，原材料投入成本不高，适合不发达地区及小规模和个体养殖；缺点是受自然条件的影响大，生产性能不稳定，不利于防疫及安全均衡生产。

（3）卷帘式鸡舍

此类鸡舍兼有密闭式和开放式鸡舍的优点，这种鸡舍结构选择在南北两侧壁上设计进风口，可以通过人工开窗来调节鸡舍的通风和温度，在气候温和的季节可以依靠自然通风，在气候不利时则关闭南北两侧大窗，开启一侧山墙的进风口，并开启另一侧山墙上的风机进行纵向通风。虽然这种结构具有双重优点，但其建造要求很高，对于鸡舍的密封性要求也很高。如果达不到要求，不但起不到建造效果，还可能会为养殖带来麻烦。

三、蛋鸡场的设施设备

养鸡场设备是养鸡场在雏鸡、种鸡、肉鸡、蛋鸡生产过程中使用的专用机械、工具和内部设施的总称。20世纪40年代前，养鸡业尚处于部分机械化阶段，除饲养、加工和饮水等个别作业项目使用一些小型设备外，大部分作业项目仍需要手工劳动。20世纪50年代后，由于市场需求迅速增长，养鸡规模不断扩大，出现了工厂化养鸡的形式，从孵化、育雏到成鸡和蛋产品的采集的整个过程均实行有节奏的循环方式，用自动控制设备调节鸡舍内的小气候和照明，减少外界环境对鸡群的影响，使整个生产过程实现高度机械化、自动化，劳动生产率迅速提高。蛋鸡场的主要设备包括鸡笼、喂饲设备、饮水设备、除粪设备、孵化和育雏设备、集蛋装置和鸡粪热干燥设备等，没有商品饲料来源的鸡场还应配置饲料加工设备。

1. 鸡笼

鸡笼因分类方法不同而有多种类型，如按其组装形式可分为全阶梯式、半阶梯式、层叠式、阶梯层叠综合式和单层平置式。

（1）全阶梯式鸡笼

此种鸡笼组装时上下两层笼体完全错开，常见的为2~3层。其优点是：鸡粪直接落于粪沟或粪坑，笼底无须设挡粪板，如为粪坑也可不设清粪系统；结构简单，停电或机械故障时可以人工操作；各层笼敞开面积大，通风与采光较好。其缺点是：占地面积大，饲养密度低，仅为10~12只/平方米，设备投资较多。目前，我国采用最多的是蛋鸡三层全阶梯式鸡笼（图5-2）。

（2）半阶梯式鸡笼

此种鸡笼上下两层笼体之间有1/4~1/2的部位重叠，下层重叠部分有挡粪板，按一定角度安装，粪便清入粪坑。因挡粪板的作用，通风效果比全阶梯式差，饲养密度为15~17只/平方米。

图5-2　三层全阶梯式鸡笼

（3）层叠式鸡笼

此种鸡笼上下两层笼体完全重叠，常见的有3~4层，高的可达8层，饲养密度大大提高（图5-3）。其优点是：鸡舍面积利用率高，生产效率高。其缺点是：对鸡舍的建筑、通风设备、清粪设备要求较高，不便于观察上层及下层笼的鸡群，给管理带来一定的困难。

图5-3　三层层叠式鸡笼

（4）单层平置式鸡笼

此种鸡笼组装时一行行笼子的顶网在同一水平面上，笼组之间不留车道，无明显的笼组之分。管理与喂料等一切操作，都需要通过运行于笼顶的天车来完成。一般不采用此种鸡笼。

2. 饮水设备

饮水设备主要包括蓄水罐、输水管线、饮水器。常用的饮水器有以下几种：

（1）槽式饮水器

此种饮水器可连接自来水管或水箱，能同时满足大群鸡饮水的需要。其优点是结构简单，成本低，便于饮水免疫；缺点是耗水量大，易受污染，清洗工作量大。

（2）真空饮水器

此种饮水器在小规模或散户养殖中多见，就是我们常说的鸡用饮水壶（图5-4）。其优点是供水均衡，使用方便；缺点是清洗工作量大，饮水量大时不宜使用。

（3）乳头式饮水器

此种饮水器是目前鸡场使用的一种主流饮水器，在规模化养殖场非常普遍，是目前最被认可的自动饮水器（图5-5）。其优点是密封，不易污染，不易漏水，供水可靠，能节约用水；缺点是每层鸡笼均需设置减压水箱，成本较高，对材料和制造精度要求较高。

图5-4 真空饮水器　　　　　　　　图5-5 乳头式饮水器

（4）杯式饮水器

此种饮水器呈杯状，与水管相连。其优点是能减少水的污染，并能节水；缺点是水杯需要经常清洗，且须配备过滤器和水压调整装置。

（5）吊盘式饮水器

此种饮水器适用于平养，一般可供50只鸡饮水。其优点是能节约用水，清洗方便；缺点是需根据鸡群的不同生长阶段调整饮水器高度。

3. 喂料设备

喂料设备分为机械化喂料设备和人工喂料设备，可根据鸡场的实际情况选用。

（1）喂料机

养鸡场喂料机是专门解决养鸡场工人劳动强度大而设计的，结构独特，新颖实用（图5-6）。

图5-6　自动化喂料机

（2）喂料槽

喂料槽在喂养成鸡时使用较多，适用于干粉料、湿料和颗粒料的饲喂，根据鸡体大小而制成大、中、小长形食槽。

（3）喂料桶

喂料桶是现代养鸡业常用的喂料设备，由塑料制成的料桶、圆形料盘和连接调节机构组成。料桶与料盘之间有短链相接，留有一定的空隙。

（4）供料车

供料车多用于多层鸡笼和层叠式鸡笼组成的鸡舍。

4. 清粪设备

（1）牵引式刮粪机

此设备一般由牵引机、刮粪板、框架、钢丝绳、转向滑轮、钢丝绳转动器等组成。主要用于鸡舍内同一个平面一条或多条粪沟的清粪工作。

（2）传送带清粪

此设备由传送带、主动轮、从动轮、托轮等组成。常用于高密度层叠式上下鸡笼间清粪，蛋鸡的粪便可由底网空隙直接落于传送带上，可省去承粪板和粪沟。

5. 集蛋设备

鸡舍内的集蛋方式分为人工捡蛋和机械集蛋。自动化程度高的蛋鸡场常采用传送带机械集蛋，效率较高；一般养鸡户多采用人工捡蛋。自动集蛋设备是指专门收集鸡蛋的自动化设备（图5-7）。把鸡蛋收集在一个地方供养殖户进行处理，不再像以往人工捡蛋那样费时费力，提高了工作效率，还可以根据需要进行调整，降低破损率。

图5-7 自动集蛋设备

6. 孵化设备

孵化设备是指孵化过程中所需设备与物品的总称，包括孵化机、出雏机、孵化机配件、孵化房专用物品、加温设备、加湿设备及各个测量系统等。当前，箱式孵化机在国内的使用量最大（图5-8）。

图5-8 箱式孵化机

7. 供暖设备

供暖设备的选择，应依所在区域、气候条件、养殖规模而定。电热、水暖、气暖、煤炉甚至火炕、地炕等加热方式均可选用，但要注意煤炉加热较脏且易发生煤气中毒，必须加装烟囱。

8. 其他设备

其他设备包括农用喷雾器、气泵、连续性注射器、刺种针、电动断喙器、电烙铁、弹簧秤、杆秤、电子秤、照明等。

第二节　鸡场环境控制

鸡场的环境因素，有广义和狭义之分，广义上是指鸡体之外的所有环境因素，包含温度、湿度、空气、气流、辐射、雨量、光线、噪音、细菌和病毒、寄生虫、食物和供水、运动、卫生、饲养等。狭义上的环境因素除了场址选择、鸡舍建筑等，主要包括温度、湿度、空气以及卫生等因素。通过创造适宜的鸡场环境条件，就能达到节省饲料、降低成本、提高经济效益的目的。

一、温度的控制

鸡是一种恒温动物，在可能的范围内其自身可对温度进行调节，使自己尽量保持相对恒定的体温。鸡吃料产生热量，活动散发热量，从而能够维持相对恒定的体温。鸡由于有羽毛，有一定的保温作用，所以较耐寒；另一方面，鸡体表面积小，还覆盖着厚密的羽毛，又无汗腺，蒸发和扩散体热困难，对热气候的反应要比其他环境因素诸如湿度、气流（风）、光照、营养等因素的反应敏感得多。不同类型、用途和生长阶段的鸡，对温度的要求也有所不同。

（1）育雏期的人工保温

雏鸡的绒毛稀短，体温调节机能不健全，保温能力差，在低温环境中，容易受凉而引起拉稀或其他疾病，甚至被冻死，所以，雏鸡要给以人工保温。

（2）育雏期以后的温度控制

育雏期以后的雏鸡，体温调节机能已基本健全，一般不需继续人工保温。但是，适宜的舍内温度有利于蛋鸡的健康和增重，提高饲料转化率，故此时仍须注意调节舍内温度，鸡舍内最适宜的温度是15～28℃。

二、湿度的控制

鸡舍内的湿度主要来源于三个方面：一是外界空气中的水分进入鸡舍内；二是鸡的呼吸和排出的粪尿；三是鸡舍内水槽的水分蒸发。湿度高，垫料和生活环境潮湿，卫生较差，给致病细菌和寄生虫的繁殖创造了条件，容易诱发疾病；湿度低，空气干燥，造成舍内灰尘飞扬，雏鸡绒毛变脆，大量脱落，脚皮干燥，眼鼻黏膜发干，食欲不振，影响增重，还会导致呼吸器官疾病的发生。

一般来说，高湿的界限为高于75%，低湿的界限为低于40%。湿度过高时，要加强通风，排出潮气；饮水器要放置牢固，防止歪倒弄湿垫料，可把饮水器放置在能吸水的新砖上；每天翻动垫料或更换过湿垫料1～2次，保持垫料干燥；对于高湿地区，鸡舍应建在地势较高的地方，最基本的要求是保持鸡舍尤其是非暖炕温床保温的育雏舍的地面干燥，应尽可能转用离地栏养或笼养；在潮湿季节不宜采用喷雾消毒，确实需要时要适当提高药物浓度，减少用水量。

三、密度的控制

密度管理非常重要，如果鸡场养殖的鸡超过鸡场所限制的饲喂密度，将会影响鸡群的生长，所以鸡场密度的调控是非常重要的。密度过大时，鸡散热困难，会烦躁不安，啄癖增加，饲料采食量下降，肥大的鸡会发生昏厥，甚至死亡；密度过小时，浪费场地和栏舍且不便于管理。

(1) 平养条件下，对于7～18周龄的青年鸡，每平方米鸡舍饲养10只为宜。

(2) 笼养条件下，应保证每只鸡有270～280平方厘米的笼位。

四、通风的控制

通风的目的是使鸡舍保持良好的空气质量，产生的二氧化碳、氨气等有害气体可以快速排出，同时调整鸡舍的温度。

(1) 机械通风

机械通风一般靠风机开动的数量或快慢来调节风量大小。有条件的鸡舍，可以使用热风式通风供暖工艺，将供热系统和通风换气结合起来，使鸡舍的通风和温度、湿度控制达到有机统一。

(2) 自然通风

自然通风指在鸡舍内墙上设置可开启的窗户，靠窗户与风口等开启的数量或大小来调节通风量。饲养人员根据气候和季节的变化随时掌握和管理。夏季多开窗，快速通风换气；冬季少开窗，保证舍内温度不低于正常生长和产蛋要求的舍温。部分鸡舍是用卷帘布做围墙的，夏季可将布帘卷起通风，冬季将布帘放下，使鸡舍不透风，从而达到保温效果。

五、光照的控制

光照是蛋鸡生产过程中一个重要的饲养条件。光照的时间、强度等对蛋鸡的活动、物质代谢、生产发育及生产力的发挥起着至关重要的作用，可以影响蛋鸡采食、饮水、生长、产蛋、死淘率等。光照包括自然光照和人工光照。不同阶段的蛋鸡对光照强度和时间的要求也不一样。补充光照时，电源要合理稳定，灯泡设置要合理均匀，不能有暗区。

（1）雏鸡

时间由长至短过渡。1～3日龄，每天光照23～24小时；4～14日龄，每天光照达16～19小时；15日龄后到7周龄前逐渐减少至每天光照8～9小时。

（2）育成鸡

8小时光照左右。7～17周龄每天光照8～9小时；18周龄每天光照9～10小时；19周龄每天光照10～11小时；从20周龄起每周增加0.5小时，直到鸡群产蛋正常、每日光照达16小时为止。

（3）产蛋鸡

每天光照时间应当保持恒定或逐渐增加，切勿减少，但每天光照时间不能超过17小时。一般采用早上和晚上两头补的方法（可安装光照计时器或自动光控制仪控制每天开关灯时间）。

六、综合控制

在集约化蛋鸡场，必须采用"全进全出"模式，在空舍期对鸡舍进行清洗和消毒。水洗效果明显，药物消毒特别是熏蒸消毒效果更好。若蛋鸡场不能进行空舍清洗消毒，会导致蛋鸡成活率不高。除鸡舍本身的空舍消毒制度之外，对外来人员和物品的卫生管理也要严格，如雏鸡的运输管理、设备用具的消毒、饲养员的更衣换鞋等。

应尽量避免对鸡群的惊吓，清除舍外摇晃物；每次捉捕、转移蛋鸡要轻捷，不能粗暴，不能在舍内追捕蛋鸡，不能穿红色、黄色和花格等鲜艳衣服去鸡舍，不让生人接近鸡群；要防止猫、狗、老鼠等进入鸡舍对鸡群产生惊吓和侵害。

第六章 蛋鸡的饲养管理技术

蛋雏鸡的饲养管理对蛋雏鸡的育成率和整个蛋鸡生产都有很大的影响，因此，在蛋鸡生产中，必须抓好蛋雏鸡的饲养管理，提高蛋雏鸡的育成率，提高蛋鸡养殖的经济效益。

一、育雏前的准备及育雏方式

1. 育雏前的准备

在育雏前一周，将鸡舍、鸡笼、用具等用灭菌威熏蒸彻底消毒，然后用0.1%新洁尔灭、菌毒速灭消毒液对饮水器、料槽消毒后，清洗干净备用。在育雏前1～2日内，将舍内温度提升到35℃左右，相对湿度保持在70%左右。

2. 育雏方式

（1）地面育雏

这种育雏方式一般限于条件差的、规模较小的养殖户，简单易行，投资少，但须注意雏鸡的粪便要经常清除，否则会使雏鸡感染疾病，如白痢、球虫病和各种肠炎等。

（2）雏鸡笼育雏

这种方式是目前比较好的育雏方式，不但便于管理，减少疾病发生，而且可增加育雏数量，提高育雏率。

二、育雏鸡的生理特点

1. 蛋雏鸡体温调节机能差

蛋雏鸡体温较成年蛋鸡体温低3℃，雏鸡绒毛稀短、皮薄、皮下脂肪少、保温能力差，体温调节机能要在2周龄之后才逐渐趋于完善。所以维持适宜的育雏温度，对雏鸡的健康和正常发育至关重要。

2. 生长发育迅速、代谢旺盛

蛋雏鸡1周龄时体重约为初生重的2倍，至6周龄时约为初生重的15倍，其前期生长发育迅速，要充分满足其营养需要。由于生长迅速，蛋雏鸡的代谢很旺盛，单位体重的耗氧量是成年蛋鸡的3倍，必须满足其对新鲜空气的需要。

3. 消化器官容积小、消化能力弱

蛋雏鸡的消化器官还处于发育阶段，每次进食量有限，同时消化酶的分泌能力还不太健全，消化能力差。所以选用蛋雏鸡料时，必须选用质量好、容易消化的原料，配制高营养水平的全价饲料。

4. 抗病力差

蛋雏鸡对外界的适应力差，对各种疾病的抵抗力较弱，如果在饲养管理上稍有疏忽，极有可能患病。30日龄内的蛋雏鸡的免疫机能还未发育完善，虽经多次免疫，自身产生的抗体水平还是难以抵抗强毒的侵扰，所以应尽可能为蛋雏鸡创造一个适宜的环境。

5. 敏感性强

蛋雏鸡不仅对环境变化很敏感，由于生长迅速对一些营养素的缺乏也很敏感，容易出现某些营养素的缺乏症，同时对一些药物和霉菌等有毒有害物质的反应也十分敏感。所以，在注意环境控制的同时，选择饲料原料和用药也应慎重。

6. 群居性强、胆小

蛋雏鸡胆小、缺乏自卫能力，喜欢群居，并且比较神经质，稍有外界的异常刺激，就有可能引起混乱炸群，影响正常的生长发育和抗病能力。所以，育雏需要安静的环境，要尽量避免各种异常声响、噪音以及新奇颜色进入舍内，防止鼠、雀、害兽的侵入，同时要注意鸡群饲养密度的适宜性。

7. 初期易脱水

刚出壳的蛋雏鸡含水率在75%以上，如果在干燥的环境中存放时间过长，则很容易在呼吸过程中失去大量水分，造成脱水。育雏初期，干燥的环境也会使蛋雏鸡因呼吸失水过多而增加饮水量，影响消化机能。所以在出雏之后的存放期间、运输途中及育雏初期应注意湿度问题，提高育雏的成活率。

三、育雏鸡对环境的要求

1. 温度

（1）适宜的温度是育雏鸡生长的首要条件，温度控制要有稳定性与灵活性。

温度是否适宜视鸡群表现而定。温度过低时，畏寒、聚集，卵黄吸收能力受影响，有的发生感冒下痢，严重扎堆，可造成大批死亡；温度过高时，食欲减退，发育慢，易引起啄癖，影响育雏鸡正常代谢，易感呼吸道疾病；温度适宜时，分散均匀，叫声响亮，精神活泼，食欲、饮欲适度。所以不能只参看温度计，生搬硬套。应注意温差，初期温差应在3℃以内，至育雏后期可控制在6℃以内，若不注意温差，也会给生产造成重大损失。温度要灵活掌握，对于健壮蛋雏鸡，温度可以适当低些，因为此时蛋雏鸡活动量大，采食量大，生长快；对于体弱蛋雏鸡，温度应高些。在夜间、秋冬季断喙、接种疫苗、群体处于临病状态时，均应提高温度。

（2）不同日龄的育雏鸡对温度的适应

随着育雏鸡的生长，其对温度的适应力逐渐增强，应适当调低温度，使育雏鸡对低温逐渐适应。这样可锻炼提高育雏鸡对温度的适应能力，尤其在秋天育雏时。育雏温度如表6-1所示。

表6-1　育雏温度

周龄	1	2	3	4	5
育雏温度/℃	35~33	33~30	30~27	27~24	24~21

降低温度应根据季节而定，一般每天降0.5~0.7℃，每周降3℃左右，这样才能保证育雏鸡对温度有较好的适应。在昼夜温差较大的地区，白天停止供热后，夜间应供热1~2周，供热时间应根据季节变化与鸡群状况而定，秋冬育雏时时间应长些。

2. 湿度

（1）湿度的重要性

①育雏鸡的生理特点之一就是易脱水。刚出壳雏鸡含水率在75%以上，若在较干燥的环境中生存时间过长，体内会失去大量水分，所以适宜的湿度是提高育雏鸡成活率的一个关键。

②育雏鸡的生理特点决定其呼吸较快，若舍内过于干燥，吸进的是干燥空气，呼出的是潮湿的，这样就会造成体内失水速度加快，导致其饮水增多，从而影响育雏鸡机体的正常活动与消化吸收功能。

（2）育雏鸡对湿度高低的表现及对湿度的控制

①湿度过低时，饮水增多，易下痢，脚趾干瘪，羽毛无光泽，生长慢。

②湿度过高时，羽毛污秽零乱，食欲差，垫料湿，易患病。

③在对湿度进行控制时，可以在地面上洒水，或在炉子上放盆水产生蒸汽来增加湿度，若湿度过大时，可通过增温与加强通风来排湿。

3. 通风

在注意保温的同时，还应注意通风换气，否则对育雏鸡的生长、健康会产生严重的影响。因为育雏鸡生长快，代谢旺盛，呼吸较频繁，饲养密度又大，生火炉更会消耗一部分氧气，故需通风换气，其作用如下：

（1）保持舍内卫生与正常的生活环境，净化空气，便于把有害气体、水汽、热量、尘埃、空气中的微生物等排出。

（2）供给新鲜空气，提供充足的氧气。保温与通风并不对立，只保温不通风，会导致缺氧，影响育雏鸡的正常生长与抗病能力，亦会对其生理活动有影响。注意在通风前，应先提高舍温1~2℃。

换气适当时，育雏鸡鸡舍内无异味，舍内清洁，温度均匀；换气过量时，若舍外温度过低，将导致舍温急剧下降，影响育雏鸡生长；换气不足时，舍内空气污浊且有不良气体，鸡舍上下温差较大。

在短时间内将污浊空气换成新鲜空气不会使育雏鸡受凉，亦不会感冒，反而能增强育雏鸡的体质及抗冷（寒）能力。育雏1周左右即可使用此法。

4. 光照

幼雏视力弱，为了让育雏鸡较快适应环境，尽快学会饮水采食，初期应用较强的灯光。尤其平养的前3天，笼育的头1周，光照时间应尽可能长些。

前3天可使用60~100瓦特的灯泡，3天后可以换成45~25瓦特的灯泡。光照稍暗些，育雏鸡会相对安静；在过强的光照下，育雏鸡活动量增大，易出现互啄的恶癖。

6周内，光照的长短还不会影响育雏鸡的性成熟，但会直接影响其的采食时间与采食量。在育雏期最容易出现的问题就是增重过慢，达不到标准体重，给予较长的光照时间有利于育雏鸡增重。头3天的光照时间应定为23小时，之后每周减1~2小时；白天用自然光照，在夜间用灯光补充，可定时开2小时灯，每天2次即可。

在光照管理上易出现以下错误：第一，考虑为育雏鸡增重，在第2、3周即实施8小时光照；第二，不分育雏阶段给予20小时以上的光照，过长的光照时间会影响育雏鸡休息与睡眠，使育雏鸡疲劳，降低生长速度与抗病能力。

5. 饲养密度及采食、饮水宽度

在饲养条件不太成熟或饲养经验不足的情况下，不要过于追求单位面积的饲养量与效益。饲养密度过大，可能会造成饲养环境的恶化，进而影响育雏鸡的生长与抗病能力，反而达不到追求数量的目的。不同饲养方式的饲养密度如表6-2所示。

表6-2   蛋雏鸡不同饲养方式下的饲养密度

地面平养		网上平养		立体笼养	
周龄	鸡数/平方米	周龄	鸡数/平方米	周龄	鸡数/平方米
0~6	15~18	0~6	18~20	1~2	60
7~12	10~12	7~12	8~10	3~4	40
/	/	/	/	5~7	34
/	/	/	/	8~12	24

饲养密度与鸡舍结构、鸡舍环境控制能力、饲养方式、舍内设施、饲养人员的技术水平、蛋鸡的品种和季节等有关，饲养密度要灵活掌握。密度是否适宜，最终要看育雏鸡生长得是否均匀、健康。蛋雏鸡采食与饮水所需的位置宽度如表6-3所示。

表6-3   蛋雏鸡采食与饮水所需的位置宽度

周龄	食槽种类		饮水器种类	
	料槽宽度	料桶	水槽宽度	乳头饮水器
1~4	2.5厘米/只	35只/个	1.9厘米/只	16只/个
5~10	5.0厘米/只	20~25只/个	2.5厘米/只	8只/个

在饲养中不仅食槽与水槽的长度应满足育雏鸡的需要，还要注意放置合理，便于采食和饮水，一般应让育雏鸡在不出1米的距离即能找到水料槽。

四、育雏鸡的管理要点

1. 饲喂管理

育雏鸡在出壳后24~36小时内开食最好。育雏鸡在第一周与第二周体重都能增长2倍左右，由于生长迅速而胃肠容积不大，消化机能较弱，所以必须注意满足幼雏的营养需要，应用质量最好、最卫生的原料生产高能量、高蛋白的育雏饲料。育雏鸡开食即第一次吃食，应在学会饮水2小时之后进行，在1/3的育雏鸡有啄食表现时，即可少量饲喂，开食时可铺干净报纸、塑料布或用开食料盘，均匀地将料撒开。育雏第一周每天分多次饲喂最好，第一天每2小时喂一次料，平均每次每只喂0.5~1.0克。为了便于育雏鸡采食，饲料中应加入30%的饮水，拌匀后饲料提起来能成团，撒下去能散开即可。这样饲料中的粉面能黏在粒状饲料上，便于育雏鸡采食，适口性也好。饲喂量应逐渐增加，每次喂料能在25分钟内吃尽为好。一般1、2周龄每天喂6次，以后根据发育情况逐渐变为每天喂5～4次，亦可在1周龄后让育雏鸡自由采食。一般第一天的平均采食量为5～8克，第一周的平均采食量为每天10克，每天必须准确记录育雏鸡的采食量，以便随时了解鸡群的发育情况，不同周龄育雏鸡的体重标准与采食量可参考表6-4。在2～3日龄应注意找出不会采食饮水的弱雏，及时放在比较适宜的环境中，教会它们采食饮水，大多数仍能存活下来。

表6-4　轻型与中型蛋雏鸡体重标准与采食量

周龄	周末体重/克		日采食量/克	
	轻型	中型	轻型	中型
1	70	75	12	14
2	125	140	18	20
3	195	200	24	26
4	275	300	32	34
5	365	380	42	44
6	450	470	44	46

2. 育雏鸡的饮水管理

1日龄育雏鸡第一次饮水称为初饮，育雏鸡出壳存放24小时后会失去体内水分的8%，存放48小时会失去体内水分的15%。为防止雏鸡因失水而影响正常的生理活动，进雏后必须先让雏鸡学会饮水。

经过运输或存放时间过长的育雏鸡脱水会多些，应在饮水中添加维安速补或禽乐康。饮水的温度应接近室温（16～20℃），饮水器每天应刷洗消毒1～2次。

育雏鸡的饮水量大致为采食量的1.5～1.8倍，注意不要断水，为让育雏鸡尽快学会饮水，可轻轻抓其头部，将喙部按入水中1秒左右，每100只育雏鸡教5只，则全群很快便会学会。注意初饮后不能断水，保证供水清洁、充足。

3. 断喙

（1）目的

育雏鸡在大群体高密度饲养时易出现啄羽、啄趾、啄肛等恶癖。断喙可以减少恶癖的出现，亦可减少育雏鸡采食时挑剔饲料而造成的浪费。

（2）断喙时间

一般在6～10日龄进行，因为此时断喙对育雏鸡应激小，如果育雏鸡状况不好亦可推迟进行，但不应超过35天。因为35天以后，育雏鸡可能会出现互啄的恶癖。青年鸡转入蛋笼之前，对个别断喙不成功的需再修理一次。

（3）断喙方法

一般用断喙器断喙，断喙时左手抓住鸡腿，右手拇指放在鸡头顶上，食指放在咽下，稍使压力，使鸡缩舌，以免断喙时伤着舌头。幼雏用4.4毫米的孔径，在上喙离鼻孔2.2毫米处切断，应使下喙比上喙稍长些，稍大的鸡可用2.8毫米的孔径，刀片应加热至暗红色，为避免出血，断喙后应烧灼2秒左右，断面应磨圆。

（4）注意事项

① 为防治应激应在饮水中加入维安速补或禽乐康。

② 断喙的长短一定要适宜，留短了影响采食，留去了可能会再生长，需再次断喙。

③ 在免疫或鸡群有其他应激状况时，不应断喙。

④ 断喙后，槽内应多添加饲料，以免育雏鸡啄食到槽底，创口疼痛，为避免出血，可在每千克饲料中添加2毫克维生素K$_3$。

⑤ 注意观察鸡群，有烧灼不佳、创口出血的鸡应及时抓出，重新烧灼止血，以免失血过多引起死亡。

⑥ 断喙不宜在炎热季节或气温高的时间进行。

4. 育雏鸡的卫生管理

育雏鸡幼弱，抗病能力差，一定要采用"全进全出"的饲养方式，严格实行隔离饲养。坚持日常消毒，适时、确实地做好各种防疫工作，注意及时预防性用药，创造舒适稳定的生活环境，减少各种应激，减少、杜绝各种疾病的发生。

5. 日常管理中应注意的事项

（1）精神状态：感染疾病或食物中毒时育雏鸡会精神不振，处于一种亚病状态。

（2）鸡群是否安静：鸡群平时是安静的，环境不适或受到某种侵害时，鸡群会处于紧张状态，叫声不宁，惊恐扎堆。

（3）粪便干湿色泽：育雏鸡受凉时，粪变稀，患传染性支气管炎时拉稀，新城疫时粪黄绿色。

（4）记录每天的采食量与饮水量：气候的变化，环境控制的失误，以及感染病原微生物时，都会引起育雏鸡采食量与饮水量的变化。

（5）通风：要特别注意夜间留有的通风大小是否合适；注意记录最高与最低气温，以便采取措施。

（6）夜间应注意听是否有异常呼吸音，早发现，早采取措施，可避免或减少损失。

（7）注意水槽或饮水器是否缺水、漏水，饮水的清洁程度，以及水面深度。

（8）注意光照强度、时间是否合适。

（9）及时挑出病鸡单独处理，死雏及时解剖分析病因，以便采取措施。

6. 转群

6周后将育雏鸡转入育成鸡舍，应注意温度，尽量减少应激，避开高温、雨雪天、大风天等恶劣环境，转群后适量添加抗生素、维生素，防止鸡群发病。

五、预防育雏鸡死亡的技术措施

育雏鸡对不良环境和疾病的抵抗能力弱，必须采取综合技术措施，预防各种原因引起的死亡。

1. 严格按免疫程序接种免疫

应本着预防为主的方针，按免疫程序进行主动免疫。免疫程序的制订，要根据本场或本区域病原微生物种类不同而异。如当地没有某种传染病流行，应暂不接种此种疫苗，以免因接种疫苗而造成污染。

2. 及时进行药物预防

用灭菌威熏蒸的方法对育雏室及各种用具进行消毒。鸡白痢和球虫病是育雏期造成育雏鸡死亡的主要原因之一。可在饮水中添加0.01%高锰酸钾或5%丁胺卡那霉素以预防白痢的发生；15日龄后就应预防球虫病，可使用球痢快克等药物，而且不可经常使用同一种抗球虫药物，防止产生耐药性；另外，对大肚脐鸡要单独隔开，保持高于正常鸡体温2～3℃的舍温，且在饲料中添加达到治疗量的抗菌药物。

3. 保持适宜温度、湿度和通风换气

育雏期的温度，在育雏鸡出壳的第一周要保持在35℃左右，以后每周下降2～3℃。在保持育雏舍温度的同时，千万不要忽略通风换气，防止舍内空气污浊。湿度对育雏鸡的生长发育影响很大，头10天舍内相对湿度应保持在60%～65%，中后期注意防潮。

4. 适时"开饮"和供给全价饲料

刚出壳的育雏鸡应在24小时内饮水，促使其新陈代谢，避免发生狂饮泻死和脱水瘫毙的现象。饲料中某些营养成分的缺乏或不足，容易引起营养缺乏症，必须按

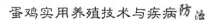

饲养标准供给优质全价平衡日粮，如条件限制，则应用多种饲料混合饲喂，使营养均衡互补。

5. 防止中毒死亡和恶癖的发生

用药物预防和治疗疾病时，计算用药量一定要准确无误，在饲料中添加药物时必须搅拌均匀。不溶于水的药物不能从饮水中给药。做好室内通风换气，谨防煤气中毒。常见的恶癖有啄肛、啄趾、啄羽等，预防的主要措施是在5～9日龄时断喙。

6. 防止扎堆挤压死亡和兽害

密度过大、室温突然降低、受到惊吓、抢水抢料等情况下常导致鸡群扎堆致死。所以，要按鸡舍的面积确定饲养量，备足食槽和饮水器，日常操作要小心，避免鸡群骚动。育雏鸡最大的兽害是老鼠，应该在育雏前对鸡舍进行统一灭鼠，进出育雏室应随手关好门窗，堵塞室内所有洞口。

第二节 育成鸡的饲养管理

蛋鸡以7周龄到产蛋前被称为育成期，育成期的最终目标是使蛋鸡在达到性成熟并开始产蛋之前，建立良好的体形（比例适当的骨骼与标准的体重），培育具有高产能力且维持时间长的青年母鸡。在育成过程中应注意观察，定期称重，不符合标准的育成鸡应及时淘汰，以免浪费饲料与人力，增加成本。第一次选择应在6～8周龄，第二次选择应在18～20周龄，结合转群进行。蛋鸡要求体重适中，羽毛紧凑，体质结实，采食力强，活泼好动，鸡群85%以上的蛋鸡的体重要在平均体重的0.9～1.1倍的范围内，产蛋前应做好各种免疫，保证鸡群安全度过产蛋期。

一、蛋鸡育成期的管理要点

1. 光照

（1）光照时间

光照时间临界值为12小时，12小时之内会抑制繁殖系统生长发育，一般不能少于8小时光照。在育成期渐减光照，虽然对全年产蛋量没有影响，但产蛋前6个月的产蛋量会略有增加，到达高峰期快，产蛋率高。10～15周龄光照时间要短，不可延长。增加光照时应从16周开始。

（2）光照制度

光照时数宜短不宜长，强度宜弱不宜强，育成鸡的体重达到性成熟体重时开始光刺激。

2. 体重与性成熟

（1）同一品种蛋鸡大致都在一定体重时开产，体重大的先开产。

（2）在12～15周龄时育成鸡的体重大小就定型了，此后再努力，亦难以改变，所以在育成前期一定要注意鸡群的体重，及时补饲分出的小鸡，使其达到标准。

（3）体重大的育成鸡易提前开产，过肥鸡身体负担重，体重小的鸡开产晚，体质差，所以保证雏鸡群的正常体重具有重要意义，不同日龄中型蛋鸡适宜的体重与采食量如表6-5所示。

表6-5　中型蛋鸡生长期体重与大致饲料采食量

周龄	日龄	周末体重/克	笼养每天采食量/克	累计采食量/千克
7	43～49	570	45	1.47
8	50～56	660	48	1.81
9	57～63	750	51	2.16
10	64～70	830	54	2.54
11	71～77	910	56	2.93
12	78～84	990	58	3.33
13	85～91	1070	60	3.76
14	92～98	1150	63	4.20
15	99～105	1230	67	4.67
16	106～112	1320	72	5.17
17	113～119	1410	78	5.20

注：体重值是在下午喂料后测得，空腹体重约低8%。

3. 限饲

（1）限饲目的

①控制育成鸡的生长，抑制性成熟。育成鸡在自由采食状态下除夏季外都有过量采食的情况出现，不仅造成浪费还会促进育成鸡的脂肪积蓄与超重，影响成年鸡的产蛋性能。

②节约饲料。可节约10%～15%的饲料。

（2）限饲方法

①量的限饲。只给育成鸡供给自由采食的80%左右的饲料量，停喂结合，隔日

给饲。

②质的限饲：对某种营养物质进行限制，采用低蛋白日粮时一定要保证各种氨基酸的需要量。目前市场出售的饲料为降低成本（除预混料外），杂饼粕用量较大，饲料能量水平较低，本身已起到限制作用了，所以一般维持当天料当天吃尽即可。以上应在根据每周称重的情况下，灵活掌握限饲内容方法等。

4. 饲养密度

育成鸡对饲养密度的要求如表6-6所示。

表6-6 饲养设备与饲养密度

	6～10周龄	10～18周龄
笼养鸡数/平方米	35	28
笼养面积（平方厘米）/只	285	350
平养鸡数/平方米	10～12	9～11
供料、料槽（平方厘米）/只	4	4
供水鸡数/饮水乳头	10	10
饮水乳头数/箱	2	2
水槽（平方厘米）/只	2	2

5. 防止开产推迟

在实际生长中，5、6、7月份培育的育雏鸡，容易出现开产推迟现象，其原因是育雏鸡在夏天采食的营养不足，体重落后于标准。应采取的措施如下：

（1）育雏期夜间开灯补饲，使育雏鸡的体重接近标准。

（2）在体重达到标准之前持续用营养水平较高的育雏料。

（3）在高温的夏季，蛋鸡食欲不佳，为达到一定的增长速度，应提高饲料的能量和限制氨基酸的水平。

（4）适当提高育成后期饲料的营养水平，使育成鸡16周后的体重略高于标准，多贮备营养有利于安全度过夏季的高温期。

（5）在18周龄之前开始增加光照时间。

6. 育成鸡温、湿度适应性

育成期的鸡对温度、湿度的变动有了很强的适应能力，但应避免急剧的温度变化，日温差应控制在8℃内，适宜温度为20～21℃。此法可节省饲料。实际生产中，温度在13～26℃不会对育成鸡生长造成影响，若在10℃以下、30℃以上则会造成不良影响，应采取适当的对策。一定范围内舍温变化对育成鸡是一种有益的刺激，有利于提高育成鸡对环境的适应能力。

育成鸡对湿度不太敏感，在40%～70%内都可适应，但地面平养时应尽力保持地面干燥。育成鸡舍在温度不太低的情况下，应该加大通风换气量，尽可能地减少舍内的氨气、尘埃。即使在冬季，亦应设法保持舍内的空气新鲜。

7. 育成期管理注意事项

（1）育成前期是骨骼、肌肉、内脏生长的关键时期，一定要抓住营养和其他各方面的管理，使鸡群体重和骨骼都能按标准增长，育成前期决定了成年后骨骼体形的大小。

（2）育成后期是腹腔脂肪沉积的重要时期，由于体内脂肪沉积与生产性能呈负相关，所以在育成后期，能量不宜过高，冬季应控制喂料量，避免沉积过多脂肪而影响生产性能的发挥。

（3）生殖系统从12周后开始缓慢发育，18周时则迅速发育，为此从16周后，应注意供给营养平衡的蛋白质，让青年母鸡的卵巢能顺利发育适时开产，对发育后期在夏季的鸡群需要特别注意，因夏天耗料少，体重增长和卵巢发育受影响，而使青年母鸡开产推迟。

（4）让育成鸡有充分的自由采食空间及适当的饲养密度。料槽不足或过于拥挤都会影响育成鸡生长的整齐度。

（5）当鸡群整齐度较差时，可以增加每次的投料量，减少投料次数，或者根据鸡群体重大小进行称重分群，分别投料。

第三节 产蛋鸡的饲养管理

一、产蛋前后的饲养管理要点

1.18周龄时称重

若此时体重达不到标准，则让产蛋鸡自由采食。18周龄后原来饲料中能量与蛋白质水平较低者应提高其含量，白壳系不低于17%，褐壳系不低于16%。

2.18周龄后钙元素要求

饲料中钙的水平应达到2%以满足一部分早熟鸡对钙的需要。20周龄后，饲料中钙含量应提高到3.5%。

3. 稳定的生活环境

（1）开产是青年母鸡一生中的重大转折，同时是一个很大的应激，临产前3～4天内，青年母鸡的采食量一般会下降15%～20%，开产本身会造成青年母鸡心理上的很大应激。

（2）整个产蛋前期是青年母鸡负担最重的时期，在这段时期，青年母鸡生殖系统迅速地发育成熟，体重仍需不断增长，大致要增重400～500克。蛋重逐渐增大，产蛋率迅速上升，对青年母鸡来讲，在生理上是一个很大的应激。

（3）以上情况造成的心理与生理上的巨大应激，会消耗青年母鸡的大部分体力，使青年母鸡在适应环境和抵抗疾病方面的能力相对下降。所以必须尽可能地减少外界对产蛋鸡的干扰，减轻各种应激，为鸡群提供安宁稳定的生活环境。

4. 晚秋后转群

此时日照已短，应逐渐补充光照。如达不到原定标准，补充光照可推迟1周。

二、产蛋高峰期的饲养管理要点

一般鸡群产蛋率达50%后1个月左右即可达产蛋高峰。秋后开产，秋冬补充人工光照的鸡群，产蛋高峰往往推迟3～4周。如补充光照、饲料质佳、管理得法，当年冬季即出现高峰，此时产蛋鸡的产蛋性能与饲料转化均处于最旺盛时期，但抵抗力也较弱。针对这种情况，此阶段管理非常重要。

1. 满足产蛋鸡的营养需要

（1）青年母鸡自身的体重、产蛋率和蛋重的增长趋势使产蛋前期成为青年母鸡一生中机体负担最重的时期，这期间青年母鸡的采食量由75克逐渐增长120克左右，但由于种种原因，仍可能造成营养的吸收不能满足机体的需要。为使青年母鸡能顺利进入产蛋高峰期，并能维持较长久的高产，减少高峰期可能发生的营养上的负平衡对生产的影响，从18周龄开始应该给予高营养水平的产前料或直接使用高峰期料，让青年母鸡体重略高于标准也是有益的，对于高峰期在夏季的鸡群尤其重要。

（2）对于产蛋高峰期在夏季的鸡群，应配制高能高氨基酸的饲料，如有条件可在饲料里添加油脂。当气温在35℃以上时，可添加2%的油脂；气温在30～35℃时，可添1%的油脂。油脂含能量高，极易被消化吸收，并可减少饲料中的粉尘，提高适口性。这对于增强产蛋鸡的体质，提高产蛋率与蛋重是比较重要的。

（3）产蛋鸡的饲料是否满足需要，不能只看产蛋率情况。青年母鸡即使采食营养不足，也仍会保持旺盛的繁殖机能，完成生产任务。这种情况下，青年母鸡是消耗自身的营养来维持产蛋的，并且蛋重会变得比较小。所以当营养不能满足需要时，首先表现在产蛋鸡的体重增长缓慢或停止增长，甚至下降。这样，产蛋鸡就没有体力来维持长久的高产，产蛋率就会停止上升或开始下降。产蛋率一旦下降，即使采取补救措施也难以恢复。因此，应尽早关注产蛋鸡的蛋重变化与体重变化。开产至高峰期之间理想的平均蛋重与体重增长如表6-7、表6-8、表6-9所示。

体重能保持品种所要求的增长趋势的鸡群，就可能维持长久的高产。为此在转入产蛋鸡舍后，仍应掌握鸡群体重的动态。一般的做法如选择30～50只鸡并做上记号，1～2周称1次体重。在正常情况下开产鸡群的产蛋率每日能上升3%～4%。

表6-7　周龄与平均蛋重

周龄	平均蛋重/克	周龄	平均蛋重/克
21	45.0	28	58.0
22	51.0	29	58.0
23	53.0	30	59.0
24	54.0	31	59.5
25	55.0	32	60.0
26	56.0	33	60.5
27	57.0	34	61.0

表6-8　某褐壳蛋鸡体重标准

产蛋率/%	见蛋	2	10	40	70	80	90
体重/千克	1.65	1.70	1.75	1.83	1.90	1.93	1.95

表6-9　某白壳蛋鸡体重标准

周龄	20	22	24	26	30	34	38
体重/千克	1.25～1.40	1.45～1.50	1.55～1.60	1.60～1.65	1.66～1.71	1.70～1.75	1.75～1.80

2. 光照

产蛋期的光照管理需根据育成阶段的光照情况来决定。

（1）饲养于非密闭舍的育成鸡，如转群处于自然光照逐渐增长的季节，且鸡群在育成期完全用自然光照，转群时光照时数已达10小时或10小时以上，转入蛋鸡舍时，不必补人工照明，待到自然光照开始变短时，再加人工光照以补充。人工光照补充的进度是每周增加半小时，最多1个小时，也有每周只增加15分钟的。自然光照加人工光照达16小时即可。

如转群处于自然光照逐渐缩短的季节，转入蛋鸡舍时自然光照时数虽有10小时，甚至更长，但是逐渐在缩短，故应立即加补人工照明。补光的进度是每周增加半小时，最多1小时。当光照总数达16小时，维持恒定即可。

（2）饲养在密闭鸡舍完全靠人工控制光照的育成鸡，18周龄转入同类鸡舍时，按每周增加半小时，最多1小时的进度增加光照时数，增加到每天16小时的时候，维持恒定光照时数即可。

（3）产蛋阶段的鸡需要的光照强度比育成阶段强约1倍，应达20勒克斯。

产蛋鸡获得的光照强度与灯间距、悬挂高度、灯泡度数、有无灯罩、灯泡清洁程度等因素有密切关系。人工照明，设置灯间距为2.5~3.0米，灯高为1.8~2.0米，灯泡功率为45瓦特，排列呈"∵∴"状是科学的。

3. 产蛋高峰期的注意事项

（1）在营养上一定要满足产蛋鸡的需要，根据季节变化和鸡群的采食量、蛋重、体重以及产蛋率的变化，调整好饲料的营养水平。

（2）在此阶段应尽最大努力维持鸡舍环境的稳定，尽可能减少各种应激，避免损失。

（3）坚持日常消毒，环境一定要清洁卫生，尽可能防止鸡群在此阶段染病。此阶段产蛋高峰达不到应有的水平将会严重影响全年产蛋量。

（4）根据鸡群情况，在必要时进行预防性投药，或每隔1个月投3~5天的广谱抗菌药。

4. 季节管理

据测定环境温度每上升1℃，产蛋鸡维持需要的能量就下降0.4%。若鸡舍温度低于适宜温度区下限时（产蛋鸡的适宜温度区为10~25℃），产蛋鸡对能量的需求就会上升。每下降1℃，能量需求会增加0.6%。所以应根据季节气候变化等环境因素，以及鸡群自身情况，调整日粮配制并采取综合性措施来管理鸡群，这样才能保证产蛋高峰期的生产性能得到充分的发挥。

（1）春季管理

此季节由冷变暖，气温逐渐回升，日照逐渐增长，是鸡群产蛋的大好季节。预产期与产蛋高峰期的产蛋鸡需要大量营养物质来满足其产蛋与增重的需要。所以在此阶段应适当提高日粮的营养水平，否则难以满足产蛋鸡的营养需要。此季节的日粮中能量应达到2.75～2.85兆卡/千克，粗蛋白应达到17.5%～18.5%才能满足产蛋鸡的需要。

由于初春昼夜温差大，应根据实际情况逐步地将防寒设施撤去，但要时刻注意避免鸡群受寒。

春季天气干燥多风，温度回升，是微生物繁殖的好季节，也有利于疾病的传播。因此搞好环境卫生和加强防疫是本季节日常工作的重点。入春后，应对鸡舍内外与整个鸡场彻底清扫一次，以减少疾病的传播。

（2）夏季管理

夏季高温高湿，是一年中鸡群最难过的季节。酷热使鸡群长时间喘息，采食量减少，饮水量大增，很容易造成产蛋率和体质下降，对疾病的抵抗力亦明显下降。所以防暑是本季节的工作重点，要想方设法使鸡群安全度夏。

入夏前的准备工作：

① 在鸡舍四周、窗外搭建遮阳棚，或利用黑色编织袋在窗口挡光。

② 设法增强屋顶与墙壁的隔热能力，减少进入舍内的太阳辐射量。

③ 尽可能加大鸡舍通风量，有条件的鸡场可采用纵向通风。自然通风的可加大屋顶天窗的面积，会有很好的效果。

加强防暑措施：

① 加大鸡舍内的风速，可以带走鸡体的热量，室内如风速达到1～1.5米/秒，就可以减轻产蛋鸡的热应激。

② 在舍内喷雾，利用水的蒸发降低舍温，可获得较好的效果。在通风不大时，千万不能喷雾，否则不利于产蛋鸡的体热散发。有条件的鸡场应采用纵向通风并在进风口安装湿帘。

③ 足量供给产蛋鸡清凉的饮水，饮水尽可能利用地下水，白天应使水槽中的水长流不断。使用乳头饮水器的鸡舍，应每隔2小时换一次水，总之，尽可能降低饮水温度。

改善鸡群体况：

① 尽可能将给料时间提早，可于凌晨4～5点喂料，这样可使产蛋鸡采食较多的料。

② 在酷暑期间，由于产蛋鸡的采食量减少，为满足鸡体对能量和蛋白质等的营养需要，应增加饲料的营养浓度。可在饲料中添加吸收利用率高的油脂。单纯提高蛋白质含量的方法并不利于防暑，过多的蛋白质、氨基酸在转换能量的同时，会增加鸡体的热量。正确的方法不是提高粗蛋白质的含量，而是提高蛋白质的质量，通过添加蛋氨酸和赖氨酸来

提高蛋白质的利用率。

③为提高鸡的抗热应激能力，可在饲料中加倍使用维生素，按每千克饲料150毫克的量补充维生素C。

④炎热期产蛋鸡会长时间热喘息，导致血液中二氧化碳量不足，影响血液的酸碱平衡，并影响蛋壳质量。为改善这种状况，可在饲料中添加0.2%的碳酸氢钠。酷暑期，产蛋鸡大量饮水，水排泄量大，带走了消化道的盐分。为了维持消化道的电解质平衡，可在饲料中经常添加补液盐或在饲料中添加0.2%左右的氯化钾。

⑤因为鸡群饮水量大，消化液被稀释，使消化道消化与防卫机能减弱，所以此时定期添加抗生素预防消化道疾病或使用益菌素来维持消化道的菌群平衡是非常有必要的。

⑥加强舍内环境的消毒和注意料槽内的卫生，因为暑热期是各种微生物繁衍的好机会。如因水槽漏水使料槽内饲料受潮结块，应立即清除掉。在炎热夏季，在饮水中添加消毒药可以减少饮水中的大肠杆菌等微生物，减少疾病的传播机会。注意必须按消毒药使用说明以正确的比例添加，随意添加容易出现问题。饮水中消毒药的浓度过低则不能达到预期效果，而浓度过大则可能会影响口感，使产蛋鸡饮水量减少，影响采食量与生产。

⑦夏天饲料易霉变和氧化，轻者会导致一些营养成分失效而影响生产，严重时则会伤及鸡体健康。所以一定要注意将饲料放在通风处，配制或购入饲料，存放时间最好不超过1周，这可以减少养分的损失。

⑧在酷暑期间，应尽可能地避免给产蛋鸡接种疫苗，以免给鸡群造成应激，如确实需要，应在温度适宜时进行。

（3）秋季管理

秋季日照时间缩短，天气凉爽，往往不会像夏季高温导致热应激那样引起广泛的重视，因此养殖户放松了对鸡群的管理，但秋天也是鸡群容易出现问题的季节。

①由于秋季的昼夜温差大，冷应激与由保温措施带来的一系列的变化（如氨气浓度升高、缺氧、湿度大等）都会对产蛋鸡造成持续性的应激影响。任何原因引起的应激，都会对机体的免疫（器官）系统产生抑制作用，使机体对疾病的抵抗力降低。所以保暖是其中一项重要工作，尽量避免鸡群因着凉而引发呼吸道疾病。

②注意饲料营养。此时的产蛋鸡食欲增加，但是不能立即将饲料营养水平降低，因为饱受夏季炎热的鸡群机体恢复需要一段时间。为了鸡群能安全顺利度过冬季，秋季正是鸡群恢复体力、养精蓄锐的大好时机。因此，为了使鸡群有充沛的体力，维持长久的

高产，进入秋季后，仍应根据鸡群的情况给予适当的营养；对于还在产蛋高峰期的产蛋鸡与体况不好的产蛋鸡，应注意饲料中的营养水平、浓度与平衡，同时适当补充些维生素。

③秋季是停产换羽，准备过冬的季节，为了延长产蛋期，增加产蛋量，在未开始换羽前应尽量延缓换羽期的到来。具体措施是维持环境的稳定，减少外界条件变化的刺激。当产蛋鸡已经开始换羽时，为了使其尽快换完恢复产蛋，可适当增加饲料中的蛋白质含量，特别是蛋氨酸与胱氨酸的含量，亦可少量补给石膏粉，有利于羽毛生长。

④秋季做好入冬前的防寒准备工作，如墙北窗安装防风障、严密门窗及贮备饲料等。

（4）冬季管理

①防寒保温。温度对产蛋鸡的健康和产蛋量有很大影响，当温度降至4.5℃时产蛋即见减少，降至−9～−6℃时，就难以维持体温与产蛋高峰。产蛋最适宜的温度在13～20℃，冬季最好保持在8℃以上。在寒流侵袭时，可以采用一些取暖措施，以减少寒冷引起的生产波动。舍温在20℃以下时每下降1℃，产蛋鸡采食量增加1.2%，提高舍温，有利于节约饲料，还增强了产蛋鸡的健康。

②预防"贼风"。通风口应该设置挡风板，一般冬季的通风口应设在鸡舍上方，并利用挡风板使进入的冷空气先吹向上方，与舍内暖空气混合后再降到产蛋鸡身上，防止"贼风"直吹到鸡体。

③冬季为了保温往往把鸡舍搞得很严密，有可能造成氨气浓度增大，这是导致产蛋鸡冬季发病的主要原因。氨气浓度增大，会使呼吸道黏膜充血、水肿，失去正常的防卫机能，成为微生物生长的场所，吸入气管内的尘埃若含有大量的微生物，容易发生呼吸道疾病。若有寒流的侵入、鸡易感冒等，发病情况更加严重。所以冬季工作的重点就是"保温通风两不误"。

④冬季产蛋鸡的采食量增大，可以提高饲料中的能量水平，降低粗蛋白水平。

⑤光照应注意：

a. 产蛋期光照应保持恒定或逐渐增加，切勿减少，最长不宜超过17小时。

b. 产蛋期光照不能突然增加，每次增加光照不超过1小时，否则易引起脱肛。

5. 日常管理

（1）做好工作日程记录

记录内容包括鸡群只数变化及原因、产蛋数量、饲料消耗量、当时的重要工作及发生的特殊情况等（表6-10）。

表6-10　生产记录表

日期	日龄	日初鸡数	增加		减少					耗料量	产蛋数	其中				累计蛋数	备注
			转入	购入	调出	病死	伤亡	淘汰	小计			破	软	小	损		

（2）维持环境的相对稳定

产蛋鸡属于神经质，对环境变化反应敏感，易受惊吓，突然的响声、晃动的灯影、天空的飞机等，都可能引起惊群，鸡群若受惊吓，易发生产蛋率下降，软壳蛋增加。因此，应做到定人定群，按时作息，每天工作程序不要轻易改动，减少人员出入鸡舍。

（3）饲喂次数及方法

从理论上说应每隔3小时就饲喂一次，但实践中常常每天投2~3次料即可。第一次在上午7~8点钟，投料量占全天计划的1/3；第二次投料在下午1点钟左右，投料量占全天计划的1/4；第三次在下午6点钟，要注意匀料。

（4）水管理

在气候温和的季节里，产蛋鸡的饮水量通常为采食量的2~3倍，寒冷季节为1.5倍，炎热季节为4~6倍。各种原因造成的饮水不足，都会使采食量下降，从而影响产蛋性能，影响健康状况，因而必须重视饮水的管理。地下井水是最理想的饮水，冬暖夏凉，无污染。

应注意水槽的清洁卫生。通常冬季2~3天，春秋隔1天，夏天每天清洗水槽，水槽水深应在1厘米左右，太浅会影响产蛋鸡饮水。注意清洁乳头饮水器，定期清洗水箱，清洗水箱次数与水槽相同。第二天早晨必须把隔夜水放掉。

（5）观察鸡群，加强管理

喂料时与喂完料后是观察鸡只精神健康状况的最好时机。有病的产蛋鸡不上前吃料，或采食速度不快，或啄几下就不吃了。健康产蛋鸡在吃不上料时会表现骚动不安的急切状态，吃上料时便埋头快速采食。

对采食不好的产蛋鸡，要进一步仔细观察其神态、冠髯颜色和被毛状况，然后再挑出隔离饲养或淘汰。

粪便观察是指对鸡粪颜色与状态的观察，它是鸡消化机能是否正常和健康的表现。以玉米、豆饼为主的饲粮，正常颜色为黄褐色或灰绿色，软硬适中，呈堆状或粗条状，上面附有一层白色帽状物（尿液）。粪便过于干硬是饮水不足或饲料搭配不当；粪便过稀，则是饮水过多、肠炎或消化不良。粪便带有气泡是肠炎或球虫病早期（雏鸡）；绿色、白色、鸡蛋清样多为霍乱、新城疫或肝病重症后期；胡萝卜样或血便是球虫后期（雏鸡）或蛔虫、绦虫所致；茶褐色黏便是由盲肠排出的正常粪便；粪便上没有或少有白色帽状物说明日粮蛋白质不足。

观察鸡群应集中在早晨开灯喂饲与晚上闭灯后几个时间段，早晨粪便较集中，可以观察到全部粪便。死鸡在早晨易被发现，喂饲时易发现病弱鸡，并可观察食欲情况。晚上闭灯后，鸡舍较静，可听呼吸音是否正常，如有甩鼻、打呼噜等呼吸困难或呼吸障碍发出的异常声响，说明鸡群已有病情，要及时查找出原因，采取防治措施。

除上述观察外，还应注意笼具、水槽、料槽的设备情况，笼门是否关好，有无铁丝头刮到鸡，防止跑鸡与伤鸡。

（6）环境卫生管理

① 舍内定期清扫，保持清洁卫生，饲养人员出入鸡舍要更换衣鞋，除特殊情况外，一般在产蛋期不做疫苗接种。鸡舍、生产区门口常用3%火碱做消毒池的药液，冬季结冰季节可用生石灰与漂白粉。场内道路、鸡舍周围每周1～2次用3%的火碱液，5%～10%漂白粉上清液或10%～20%生石灰液消毒。

② 加强蚊、雀、鼠、蝇等的灭杀，鸡舍、料库须设防护网防止鸟、雀进入。

③ 管好鸡粪、死鸡。清粪后，应在打扫鸡舍道路后喷洒消毒。粪便要集中堆放于专用场所，雨季要特别注意防止粪便流溢。死鸡要挖坑深埋，剖检死鸡的场所要及时清除血污、胃肠内容物、羽毛等和尸体一起深埋，剖检现场清理干净后须泼洒消毒药物。

④ 免疫后，清洗注射器的污水、疫苗瓶、（注苗）棉球要妥善处理，不得随意扔掉。

6. 产蛋期其他的注意要点

（1）产蛋率上升缓慢的可能原因

良好的后备鸡在正确的饲养管理下，22～23周龄时产蛋率可达到50%，24～26周内可升到80%以上，27～28周龄时可至90%以上。产蛋率上升慢且最高值达不到90%，经分析有以下几种原因：

①育成鸡没有育好，生长发育受阻，12周龄内的体重未达标，均匀度不好。

②饲料品质差，用杂饼粮过多，鱼粉、豆粕、氨基酸等蛋白饲料掺假，配方不合理，限制性氨基酸不足或氨基酸比例不当，维生素存放时间过长或保管不当而效能降低。

③后备鸡曾得过病，特别是传染性支气管炎。

④鸡群对开产时的气候不适应，如天气炎热。

⑤鸡群处在某烈性传染病的亚病状态。

（2）产蛋率突然下降的可能原因

正常情况下鸡群产蛋曲线呈锯齿样，上下浮动。在产蛋高峰期里周产蛋率下降幅度应在0.5%左右。若产蛋率下降幅度较大，或呈连续下降状态，这种现象可能由以下几种因素造成。

①疾病方面：产蛋鸡感染急性传染病会使产蛋量突然下降。如减蛋综合征，产蛋鸡没有明显临床症状，主要表现为产蛋量急剧下降和蛋壳变薄、下软壳蛋等，产蛋率下降的幅度达10%，严重的会达到50%。又如新城疫、传染性支气管炎、传染性喉气管炎等都会造成产蛋率大幅度下降。

②饲料方面：

a. 饲料原料突变或品质不良，如熟豆饼突然换为生豆饼、使用了假氨基酸等。

b. 饲料发霉变质。

c. 饲料粒度变细，影响采食量，加工时漏加或重复加盐。

③管理方面：

a. 供水不足，由于停电或其他原因经常不能正常供水，也会引起鸡群产蛋率大幅度下降。

b. 接种疫苗，连续数天投土霉素、氯霉素等抗生素或投服驱球虫药，均会引起产蛋率下降，这主要是由药物的副作用引起的。

c. 夏天连续几天高温天气，亦能使产蛋率下降。

d. 光照发生变化。

e. 刚入冬时，寒流袭入，会造成产蛋率下降。

（3）长期下小蛋的原因

小蛋有两种类型，一种是有蛋黄，蛋重明显低于各阶段品种标准，另一种是无蛋黄，大小与鸽子蛋差不多，这属于畸形蛋的一种。

① 蛋重小的原因：

a. 饲料中的能量、蛋白质过低。长期使用能量、蛋白质含量不足的饲料会导致蛋重偏小。

b. 饲料摄入不足。某一鸡场，196 日龄白壳蛋鸡产 194 枚蛋，平均蛋重仅为 49.2 克，研究发现，27 周龄前每天耗料量仅为 80.7 克，之后才达到 92.8 克，产蛋率近 90%。很显然蛋重小是长期饲料摄入量不足造成的。

c. 体重过小。80% 的产蛋鸡无产蛋高峰，32 周龄平均蛋重只有 55.8 克（体重最小组）与 57.0 克（体重次轻组），比标准蛋重低 7% 与 5%。

d. 光照增加过早、过快，致使鸡群开产过早。

② 畸形小蛋的产生原因：经常产无卵黄小蛋主要是输卵管有炎症引起的。

（4）蛋壳变色，破蛋增加的原因

① 疾病影响：减蛋综合征、新城疫、传染性支气管炎等疾病，可致蛋壳变薄，表面不平，蛋形不正，软壳和无壳蛋的数量增加，导致破损率增高，也会引起褐壳蛋的蛋壳颜色变浅。

② 饲料影响：

a. 钙含量不够，钙磷比例不当，或维生素 D_3 供给不足，都会引起蛋壳变薄，无壳软蛋明显增加，导致破蛋率上升。

b. 饲料中使用了金霉素渣等抗生素的副产物会使白壳蛋外壳颜色变黄。

c. 笼具的影响（设备的影响），如滚蛋网变形，角度过大或过小。滚蛋网角度太大时，蛋滚出的速度快，撞击力大，壳薄一些的就会被滚蛋网前缘碰破；角度太小时，蛋常常留在笼内，增加了被踩和啄破的概率。

③ 产蛋后期，产蛋鸡的蛋壳会变薄而易破。

④ 高温高湿也会使薄壳软蛋增加。

⑤ 捡蛋、装箱时用力过重，用蛋盘拣蛋时蛋没放正，或大蛋没单独放，当几盘蛋摞在一起时，一些蛋就会被硌破。人工捡蛋正常破蛋率为 1% 左右。

（5）防治鸡腹泻

导致鸡腹泻的常见原因有下面几个：

① 疾病方面：新城疫、禽霍乱、伤寒、副伤寒、大肠杆菌等疫病。

② 饲料方面：饲料变质发霉，饲料中盐分含量过高引起产蛋鸡大量饮水。

③ 环境方面：高温季节产蛋鸡饮水量大，水质不良，如水中硫酸盐含量高、水被病

原微生物污染等。

对于腹泻症的防治要采取综合性措施，日常要搞好环境卫生，严格执行消毒制度，杀灭蚊蝇等传染媒介，确实做到以防为主，防重于治。因病原微生物引起的腹泻，要用免疫的方法防患于未然，平时可用肠道消毒药，如高锰酸钾、威力碘、百菌消等定期投入饮水，或饲料中添加喹诺酮类（如氟哌酸，恩诺沙星等）予以预防。

（6）预防笼养鸡疲劳症

笼养鸡疲劳症是笼养蛋鸡特有的营养代谢疾病，高产母鸡最易发病。其原因主要是饲料中钙磷不足、钙磷比例不当或维生素 D_3 不足。肠道功能紊乱或消化道炎症也会导致上述营养物质吸收受阻而引发此病。产蛋鸡初期表现为腿软无力，站立困难，继而蹲卧不起，两腿麻痹，最后因脱水、衰竭、消瘦而死亡。

防止该病的发生首先应从饲料管理入手，保证饲料中钙磷和维生素 D_3 的含量充足与比例适宜。钙与有效磷的合理比例在产蛋高峰期为 8.3：1，饲料中含钙量为 3.5%，有效磷为 0.35%～0.42%，维生素 D_3 至少为 3000 国际单位。

对于已发病的产蛋鸡要及早护理治疗。发病早期站立不稳的产蛋鸡捉到屋外晒太阳（需给足饮水与饲料），多数会很快痊愈。若已瘫痪不起则难以治愈。

如能将添加钙量的 1/3 以直径为 0.2～0.3 厘米的颗粒状添入饲料中会有助于维持产蛋鸡夜间血钙的浓度。夜间血液中钙浓度较高，可以被用于蛋壳的形成，鸡体就不必从骨骼中分解钙质来维持血钙的浓度，使骨骼得到保护，从而防止该病的发生。从 18 周龄开始增加钙含量至 2%，使产蛋鸡在产前储备充足的钙也是预防该病一个重要的措施。

（7）没有产蛋高峰期的原因

① 现代蛋用鸡品种的商品代都是由若干个具有高产基因的原种纯系通过严格的数极繁育体系繁殖培育出来的。如果不是按良种繁育体系繁殖的商品代，不仅不具备杂交的优势，甚至会造成杂交劣势，这样的商品代蛋鸡就是伪劣产品，不大可能有产蛋高峰期。用商品代的公鸡和母鸡进行交配繁殖，再出售鸡苗的现象，在一些私人鸡场和孵化场并不鲜见，买这样的鸡苗，产蛋时就不可能有产蛋高峰期。

② 长期过量使用未经去毒处理的棉籽饼、菜籽饼，使生殖机能受到损害。

③ 药物使用有误，如在后备鸡育成阶段长期使用磺胺类药物，使卵巢中卵泡发育受阻。

④ 后备鸡在育成阶段生长发育受阻，体重离品种要求相差较大。某种鸡场曾对伊莎褐蛋鸡父母代按体重分组转入产蛋期饲养，其生产记录资料表明，体重在转群时未达到标

准80%的两个组的产蛋鸡全部无产蛋高峰期,体重达标的产蛋鸡的高峰期维持了25~30周。

⑤疫病影响,如育成期鸡群发生过传染性支气管炎,群内会存在为数不少的输卵管未发育的蛋鸡,就不会产蛋了。

⑥鸡舍内饲养环境恶劣,氨气、尘埃多,通风不良或光照失误,产蛋鸡长期处于应激状态,难以发挥生产潜力,亦无产蛋高峰期。

(8) 啄肛的原因

引起啄肛、啄羽、啄趾等互相啄食现象的原因主要有以下几个方面:

①饲料方面:蛋白质、含硫氨基酸、盐、硫、镁、锰等矿物质不足,维生素A、维生素B缺乏,或营养过剩引起肥胖,蛋重过大导致产蛋时肛门脱出而诱发啄肛。

②环境方面:通风不良,空气污浊,温度过高,光线太强等。

③疾病方面:鸡群体表被寄生虫侵袭,肠道疾病以及泄殖腔炎症引起脱肛,外伤出血,引起啄肛。

④管理方面:鸡群密度大,喂料不定时,空槽时间太长,跑鸡抓住后未放入原笼,以及调笼时打乱群序引起争斗,外伤出血和脱肛鸡未及时处理等。

预防啄癖最有效方法是断喙,一旦发现有啄癖的产蛋鸡,必须立即抓出隔离饲养,甚至淘汰,以防啄癖蔓延,然后认真查清病因。密闭鸡舍用红色光照,适当降低光照强度,开放鸡舍可喂啄肛灵、啄羽灵、石膏等会收到一时性效果,但其互相啄食现象会反复。对于虽经断喙但又长出的应再次断喙,是防止啄癖的最有效的方法。

(9) 预防产蛋鸡脂肪肝症

脂肪肝是脂肪代谢发生障碍,脂肪大量沉积于肝细胞中,导致肝脏发生脂肪变性的一种代谢病,主要发生于笼养产蛋母鸡。

当营养良好的鸡群产蛋下降,群中出现冠与肉垂大而苍白的产蛋鸡,即可怀疑是此病。病鸡常因肝脏破裂出血而突然死亡。剖检时可见肝脏肿大呈黄褐色,质地脆弱,肝包膜破裂,肝脏表面与腹腔中有血凝块,腹下部肠表面、心房和心尖形成较厚的脂肪层。

日粮能量过高,蛋氨酸、胆碱、维生素 B_{12} 与维生素E不足是引发本病的主要原因。此外,机体内分泌不平衡,毒素积累等,产生代谢紊乱,也可导致本病。

预防本病的主要方法是饲料配比合理,能量不能过高,不使用发霉的原料,因霉菌及其毒素会诱发本病。当鸡群中发生脂肪肝症,可以采取以下方法减缓病情:

① 每吨饲料中添加硫酸铜 63 克、弱 DL—蛋氨酸 500 克、胆碱 550 克、维生素 B₂ 3.3 毫克、维生素 E 5500 国际单位。

② 将日粮中粗蛋白水平提高 1%～2%。

三、产蛋后期的管理

当鸡群产蛋率由高峰降至 80% 以下时，就要转入产蛋后期的管理。鸡群产蛋率由高峰降至 80% 的周龄，各蛋鸡品种间虽然有差别，但大多数在 40～50 周龄，这时的鸡群只生产出了全年产蛋量 60% 左右的蛋，还有 40% 仍未产出，此时鸡群仍有很大生产潜力，因此，加强产蛋鸡的后期管理也是具有重要意义的。

1. 产蛋后期的管理目标与鸡群特点

（1）产蛋后期的管理目标

总原则是力争全部得到还未产出的 40% 的蛋。具体目标如下：

① 确保产蛋鸡能如标准生产曲线一样缓慢降低产蛋率，不出现大幅度下降现象，尽可能地提高蛋的商品率，减少破损率，尽可能延长其经济寿命。

② 控制产蛋鸡体重的增加，防治母鸡因体肥而影响产蛋，同时节省饲料成本。

（2）产蛋后期鸡群的特点

① 鸡群产蛋性能逐渐下降，蛋壳逐渐变薄，破损率逐渐增加。

② 鸡群产蛋所需营养逐渐减少，多余营养有可能转化为脂肪使产蛋鸡变肥。

③ 由于开产后一般不再做免疫，到产蛋后期产蛋鸡的抗体水平逐渐降低，对疾病的抵抗力也逐渐下降，并且对各种应激较敏感。

④ 部分寡产鸡开始换羽。

上述情况出现得早晚与高峰期、产蛋期和高峰期前的管理有关，因此应对日粮中的营养水平加以调整，以适应产蛋鸡的营养需求并减少饲料浪费，降低饲料成本。

（3）营养调整的方法

① 降低日粮中的能量与蛋白质水平。轻型蛋鸡（白壳）代谢能降到每只鸡每日 1.21×10^6～1.25×10^6 焦耳，粗蛋白质降到每只鸡每日 16 克；中型蛋鸡（褐壳）代谢能降到每只鸡每日 1.30×10^6～1.39×10^6 焦耳，粗蛋白质降到每只鸡每日 18 克。

② 增加日粮中的钙含量。每只鸡每日摄取钙量提高到 4.0～4.4 克。

③ 限制饲料摄取总量。轻型蛋鸡产蛋后期一般不限饲，中型蛋鸡为防止过肥，可限饲，但限量至多是采食量的 6%～7%。

（4）营养调整时的注意事项

① 适当调整日粮营养水平。当鸡群产蛋率下降时，不要急于降低日粮营养水平，而要具体情况具体对待，排除非正常因素引起的产蛋率下降。鸡群异常时不调整日粮。正常情况下，产蛋后期鸡群产蛋率每周应下降0.5%～0.6%，降低日粮营养水平应在鸡群产蛋率持续低于80%后的3～4周开始。

② 营养调整应逐渐过渡。因高产蛋鸡对饲料营养的反应极为敏感，换料时应逐渐过渡，不可突然更换。换料时应将新的产蛋后期饲料与原来高峰期饲料混合喂2～3天，逐渐过渡到全部饲喂产蛋后期饲料。

③ 注意日粮中钙源的供给形式。每日供应的钙源至少应有50%以直径为3～5毫米的颗粒状形式供给，这样能提高产蛋鸡对钙的吸收率。

④ 在炎热的夏季不可轻易降低日粮营养水平。夏季气候炎热，鸡群很容易因摄取营养不足，造成无产蛋高峰期，这样的鸡群，其后期生产成绩也不会好。

2. 产蛋后期的营养调整

产蛋后期由于产蛋鸡产蛋性能逐渐下降，对蛋白质与能量的需求也随之减少，多余的能量与蛋白质有可能转化为脂肪存积于体内，导致鸡体过肥。产蛋鸡本身的采食量下降，如果在此时降低营养水平必然加重营养不足，引起产蛋率快速下降，因此产蛋后期的限饲要慎重进行。产蛋后期的限饲要在充分了解鸡群状况的条件下进行，每4周抽称一次体重，称重结果与本品种《饲养手册》的标准体重进行对比，体重超重则再进行限饲，直到体重达标。

3. 及时剔除病弱、寡产鸡

如果产蛋鸡不再产蛋应及时淘汰，以减少饲料浪费，降低饲料费用。同时部分因病休产的寡产鸡应及时剔除，以防疾病扩散，一般2～4周查检淘汰一次。据调查，病弱、寡产鸡在产蛋后期会占全群的3%～5%，差的鸡群会超过10%，可根据以下几方面挑出病弱、寡产鸡：

（1）看羽毛：产蛋鸡羽毛陈旧，但不蓬乱，病弱鸡蓬乱，寡产鸡羽毛正在脱落换羽或羽毛新洁已提前换完羽。

（2）看冠、肉垂髯：产蛋鸡冠、肉髯大而红润，病弱鸡苍白或萎缩，寡产鸡已萎缩。

（3）看粪便：产蛋鸡排粪多而松散，呈黑褐色，顶部有白色尿酸沉积，或呈棕色（由盲肠排出），病鸡有下痢且颜色不正常，寡产鸡粪便较硬呈条状。

（4）看耻骨：产蛋鸡耻骨间距（竖档）在2指（35毫米）以上，耻骨与龙骨间距（横档）在4指（70毫米）以上。

（5）看腹部：产蛋鸡腹部松软适宜，不会膨大或缩小。有淋巴白血病、腹腔积水或卵巢腹膜炎的病鸡，腹部膨大且腹内可能有坚硬的疙瘩。寡产鸡腹部狭窄收缩。

（6）看肛门：产蛋鸡肛门大而丰满、湿润，呈椭圆形。寡产鸡肛门小而萎缩、干燥，呈圆形。

4. 减少蛋破损，提高蛋的商品率

蛋破损给蛋鸡生产带来相当严重的损失，特别是产蛋后期更严重。

（1）造成产蛋后期蛋破损的主要因素

①遗传因素：蛋壳强度受遗传因素影响，一般褐壳比白壳强度高，破损率低，产蛋多的鸡比产蛋少的鸡破损率高。

②周龄：产蛋鸡开产后，随着日龄增加，蛋逐渐增大，其表面积亦增大，蛋壳因而变薄，蛋壳强度降低，蛋易破损，后期破损率高于全程平均数（表6-11）。

表6-11　不同周龄笼养蛋鸡蛋的破损率

周龄阶段	蛋破损率/%	周龄阶段	蛋破损率/%
23~27	0.74	58~62	3.00
28~32	1.23	63~67	3.67
33~37	1.70	68~72	5.30
38~42	1.48	73~77	5.54
43~47	3.03	78~82	5.54
48~52	2.35	平均	2.83
53~57	2.82		

③某些营养不足或缺乏：如日粮中维生素D_3、钙、磷和锰不足或缺乏时都会导致蛋壳质量变差，容易破损。磷在日粮中的含量不宜过高，钙磷比例不平衡也会使蛋壳强度下降。不同蛋鸡品种对不同阶段的营养要求都有标准，可作为参考。

④疾病：传染性支气管炎、减蛋综合征、新城疫等疾病会导致蛋壳质量下降，软壳、薄壳、畸形蛋增多。产蛋后期鸡群抗体水平低时更应注意。

⑤鸡笼设备：当笼底网损坏时，易扎破鸡蛋，滚蛋网角度过大时，蛋易滚出集蛋槽而摔破，角度过小时，蛋滚不出笼易被鸡踩破。鸡笼安装不合理也易引起蛋被啄食。

⑥蛋的收集：每天捡蛋次数过少常导致先产的蛋与后产的蛋发生碰撞而破损。

（2）减少产蛋后期破损蛋的措施

①查清引起蛋破损的原因，掌握减少本养殖场蛋破损率的措施及正常规律。发现蛋破损率增高时，及时查出原因，尽快采取措施。

②保证饲料营养水平。购买饲料时认真选择供应商，自己配料时应注意饲料的营养水平。

③加强防疫工作，预防疾病流行。对鸡群有关疾病的抗体水平进行定期监测，抗体效价低时应及时补种疫苗，尽量避免场外无关人员进入场区。

④及时检修鸡笼设备。鸡笼破损处及时修补，底网角度在安装时要按要求放置。

⑤及时收捡产出的蛋。每天捡蛋次数应不少于2次，捡出的蛋应分类放置。

⑥防止惊群。每日工作按工作程序进行，工作要细心，尽量防止惊群而引起软壳蛋、薄壳蛋现象。

第七章　蛋鸡常见疾病防控

第一节　预防蛋鸡疾病的综合措施

疾病的防治需从多方面采取措施，既要做好蛋鸡品种的选择与控制，更应考虑养殖期间的饲养管理与疫病防控方法，这样才能提高蛋鸡的健康水平与产蛋率。

一、品种

选择优良的蛋鸡品种，是提高养鸡经济效益的基础。在选购良种时，养殖场要考虑具体的地域与气候特点，应当选择当地饲养普遍、生产表现好的蛋鸡品种。为了发挥良好的生产性能，要选择适合本地区养殖的品种类别，从而减少蛋鸡疾病的发生。不能从疫区引种，不能从经常发生疫情或正在发生疫情的种鸡场引种，引种种鸡场要正规、合格，应当符合规定的动物防疫条件，必须经过当地或上级主管单位的验收，并取得《动物防疫条件合格证》。

二、饲养管理

饲料营养水平的高低，与蛋鸡疾病发生有着密切的关系，饲料喂食是向蛋鸡提供营养元素的主要方式，也是影响蛋鸡体能状态的重要因素。产蛋期的常见多发病，如腹泻、脱肛、产软壳蛋、瘫痪等多与脾、肝、肾虚有关。脾主运化，主升清。若脾不健运，消化、吸收的功能失职，就会引起蛋鸡食欲不振、消瘦、腹泻等病症的产生；若脾气不升，甚或下陷，则可引起蛋鸡久泄、脱肛等病症。蛋鸡在产蛋期以精血为用，而肝藏血，肾藏精，若肝血不足，肾精亏损，蛋的生化之源不足，则产蛋量下降，产软壳蛋，受精率和孵化率下降。肾主骨、生髓，肝主筋。若肾精虚少，骨髓化源不足，不能供给骨骼营养，或肝血不足，血不养筋，或两者兼而有之，则导致蛋鸡瘫痪不起。为了提高产蛋性能、延长产蛋期，在日常饲喂中，应以健脾胃、补气血、滋阴补肾为主要饲养原则。

当前，中草药饲料添加剂已逐渐用于提高生产性能和防治疾病，本节仅列举有代表性的方剂供参考学习。

1. 蛋鸡宝

【组成】党参100克，黄芪200克，茯苓100克，白术100克，麦芽100克，山楂100克，六神曲100克，菟丝子100克，蛇床子100克，淫羊藿100克。

【制法】以上10味，粉碎、过筛、混匀即得。

【功能】益气健脾，补肾壮阳。

【主治】提高产蛋率，延长产蛋高峰期。

【用法与用量】混饲，每千克饲料20克。

【贮藏】密闭，防潮。

2. 健鸡散

【组成】党参20克，黄芪20克，茯苓20克，六神曲10克，麦芽10克，山楂（炒）10克，甘草5克，槟榔（炒）5克。

【制法】以上8味，粉碎、过筛、混匀即得。

【功能】益气健脾，消食开胃。

【主治】食欲不振，生长迟缓。

【用法与用量】混饲，每千克饲料20克。

【贮藏】密闭，防潮。

3. 激蛋散

【组成】虎杖100克，丹参80克，菟丝子60克，当归60克，川芎60克，牡蛎60克，地榆50克，肉苁蓉60克，丁香20克，白芍50克。

【制法】以上10味，粉碎、过筛、混匀即得。

【功能】清热解毒，活血祛瘀，补肾强体。

【主治】输卵管炎，产蛋功能低下。

【用法与用量】混饲，每千克饲料10克。

【贮藏】密闭，防潮。

4. 鸡球虫散

【组成】青蒿3000克，仙鹤草500克，何首乌500克，白头翁300克，肉桂260克。

【制法】以上5味，粉碎、过筛、混匀即得。

【功能】抗球虫，止血。

【主治】鸡球虫病。

【用法与用量】混饲，每千克饲料10~20克。

【贮藏】密闭，防潮。

5. 鸡痢灵散

【组成】雄黄10克，藿香10克，白头翁15克，滑石10克，诃子15克，马齿苋15克，马尾连10克，黄柏10克。

【制法】以上8味，粉碎、过筛、混匀即得。

【功能】清热解毒，涩肠止痢。

【主治】雏鸡白痢。

【用法与用量】混饲，雏鸡0.5克。

【贮藏】密闭，防潮。

在饲养管理过程中，应当给鸡群创造一个良好的环境，这对蛋鸡疾病的预防有着重要的意义。蛋鸡对外界各种应激因素特别敏感，一旦受到刺激，就会发生应激反应，造成生理机能紊乱，使产蛋量下降，死亡率上升。

适宜的光照，可以促进蛋鸡多产蛋，增加蛋重，能提高成活率和养鸡经济效益。适宜的温度对提高蛋鸡抗病害能力有决定性作用，需从养殖温度方面控制疫病的发生，按照不同成长阶段为鸡群提供适宜的温度条件。根据饲养数量与密度，保障充足、清洁的饮水，进入冬季，饮水适当提温，不应饮冰冷水。

三、疫病防控

疫病防控是保障蛋鸡饲养安全的必要条件。应确立群体保健、防疫、诊断及治疗的观点，而不应个体防治，所采取的措施应从群体出发。疫病的发生往往涉及多种因素，通常是多种因素相互作用的结果。因此，防控蛋鸡疫病，不仅应查明致病的病原，还应考虑外界环境、管理条件、应激因素、营养状况、免疫状态等因素，用环境、生态及流行病学的观点进行分析研究，从设施、制度、管理等方面，采取综合措施，才能有效地控制鸡群疫病的发生。搞好饲养管理、预防接种、检疫、隔离、消毒等综合性措施，才能达到提高蛋鸡的健康水平和抗病能力的目的。

加强饲养管理，提供优质的蛋鸡饲料和饮水，搞好环境卫生，粪便应及时进行无害化处理，鸡舍应保持干燥；提高饲料质量，增强鸡体的抵抗力，对预防疫病有很大的作用；防止应激因素和预防能引起免疫抑制的疾病如鸡传染性法氏囊病、鸡传染性贫血病、网状内皮组织增殖病等。此外，要防止拥挤，注意通风，防止饲料霉变；定期对鸡群进行预防性驱虫，发现病鸡及时隔离治疗；定期杀虫、灭鼠、防鸟，对所有可以滋生蚊虫的水源进行检查，清除这些污水池；鸡舍要钉好纱窗、纱门，并用杀虫药杀灭鸡舍内和环境中的害虫。

坚持自繁自养、全进全出原则，减少疫病传播机会。坚持自繁自养，防止在购入鸡苗的同时将病毒带入鸡舍。采用全进全出的饲养制度，防止不同日龄的蛋鸡混养于同一鸡舍。空舍后，养鸡器具要清洗消毒，鸡舍用福尔马林熏蒸消毒。

根据疫病流行情况制订疫苗定期预防接种与补种计划。始终坚持防重于治的原则，设法消灭传染源，阻断传播途径，包括鸡苗运输、人员往来等。免疫程序要根据当地疫病流行情况、雏鸡母源抗体水平等实际情况来制订。免疫程序应被重视，而且免疫注射操作时应注意细节，尽可能地减小应激反应，以下是商品蛋鸡的一个参考免疫程序：

1日龄：马立克疫苗，颈部皮下注射。

5日龄：新城疫弱毒苗+传染性支气管炎弱毒苗，滴鼻、点眼。

8日龄：新城疫灭活苗+禽流感灭活苗，肌肉注射。

14日龄：法氏囊三价活苗，饮水、点眼或滴鼻。

24日龄：新城疫+传染性支气管炎+禽流感三联灭活疫苗，肌肉注射。

35日龄：鸡痘弱毒苗，翅内侧刺。

40日龄：新城疫+传染性支气管炎+禽流感三联灭活疫苗，肌肉注射。

90日龄：传染性支气管炎H_{120}弱毒苗+传染性喉气管炎弱毒苗，饮水；鸡大肠杆菌灭活油苗，肌肉注射。

110日龄：新城疫、传染性支气管炎与减蛋综合征（大三联）苗，肌肉注射；

120日龄：鸡痘弱毒苗，翅内侧刺；

210日龄：新城疫+减蛋综合征+传染性支气管炎+禽流感四联灭活疫苗，肌肉注射。

一旦发生疫病，应当及时采取相应的补救措施，避免和挽回更大的损失。首先要及时发现、诊断和上报疫情，迅速隔离病鸡，污染的地方进行紧急消毒。实施紧急免疫接种，对病鸡进行及时与合理的治疗。严格处理病死鸡和淘汰的病鸡。

第二节 蛋鸡常见病的防治

一、新城疫

1. 概述

新城疫，又名亚洲鸡瘟、伪鸡瘟等，是由副黏病毒科腮腺炎病毒属的禽副黏病毒引起的禽类的一种急性、高度接触性传染病，常呈败血症经过。临床特征是呼吸困难、拉稀、神经机能紊乱、黏膜浆膜出血、胃肠道黏膜溃疡等。若产蛋鸡群感染，成年母鸡产蛋量将下降或停止。

新城疫被世界动物卫生组织（OIE）列为危害禽类的两种A类传染病之一，我国将其列为一类动物疫病。虽然已经广泛接种疫苗预防，但该病仍不时在养禽业中造成巨大的损失，目前仍是最主要和最危险的禽病之一。

2. 流行病学

（1）易感动物

鸡最易感染，不同年龄的鸡易感性也有差异，70日龄以下鸡易感性最高。鸡、火鸡、雉鸡、珍珠鸡、鸽、鹌鹑、鹅、孔雀、鸵鸟、猫头鹰、企鹅、麻雀、天鹅等200多种禽类是新城疫病毒的天然易感宿主。

（2）传染源

病鸡和带毒鸡。

（3）传播途径

以呼吸道和消化道传播为主，也可通过带毒种蛋传播该病。病毒污染的设备、饲料、垫料、饮水、地面、用具等均可传播，创伤及交配也可传染，非易感的野禽、外寄生虫及人畜均可机械地传播新城疫病毒。

（4）传播途径

被新城疫病毒污染的设备、空气、尘埃、粪便、饮水、垫料、器械，带毒的野生飞禽、昆虫及厂区工作人员等均可成为主要的传播媒介。

（5）流行特点

新城疫一年四季均可发生，以冬季最为严重，不同日龄的鸡均易感。目前新城疫发病日龄越来越早，最早的在3日龄可发病。死亡率的高低取决于体内抗体水平的高低，抗体水平低或没有免疫接种的鸡群，病死率高，为75%~100%，免疫鸡群病死率变化比较大，为3%~40%。

3. 临床症状

（1）典型新城疫

病初体温高至43～44℃，不愿运动，离群呆立，缩颈垂头，精神沉郁，眼半闭半开似昏睡状，采食减少，饮水增加，嗉囊内有大量酸臭液体，倒提病鸡时，从口内流出大量黏液（图7-1）。鸡冠、肉髯呈青紫色。呼吸困难，张嘴伸颈，发出"咕咕"的叫声。腹泻，排黄绿色粪便（图7-2）。中后期出现神经症状（图7-3、图7-4），腿、翅麻痹，运动失调，原地转圈，出现观星症状，继而体温下降，昏迷而死。产蛋鸡产蛋率下降，一般下降20%～70%，软皮蛋、砂皮蛋、褪色蛋（图7-5）等明显增多，种鸡受精率明显下降。

图7-1　口腔内流出大量黏液
（引自陈鹏举等，禽病诊治原色图谱，2017）

图7-2　腹泻，排黄白色或黄绿色稀粪
（引自陈鹏举等，禽病诊治原色图谱，2017）

图7-3　瘫痪
（引自谷凤柱等，蛋鸡疾病诊治彩色图谱，2018）

图7-4　扭颈
（引自谷凤柱等，蛋鸡疾病诊治彩色图谱，2018）

图7-5　白壳蛋、软壳蛋增多
（引自陈鹏举等，禽病诊治原色图谱，2017）

（2）非典型新城疫

初期与典型新城疫相似，非典型新城疫多发生于免疫后的鸡群，发病率、死亡率相对低，死亡持续时间长，临床症状表现不明显，主要表现为呼吸道症状和神经系统障碍。产蛋鸡群发病后，精神和采食基本正常，有的腹泻。发病5～7天后，病鸡出现瘫痪、扭颈、观星、摇头等症状。发病7～10天后，产蛋率下降，白壳蛋、畸形蛋、破壳蛋等增多，最后因继发感染大肠杆菌病、沙门杆菌病等疾病引起卵黄性腹膜炎，产蛋不易恢复至正常水平。

4. 病理变化

（1）典型新城疫

病死鸡鸡冠和肉髯呈紫黑色。口腔内充满黏液，嗉囊内充满硬结饲料、气体或液体。泄殖腔充血、出血、坏死、糜烂，带有粪污。腺胃乳头出血（图7-6），腺胃与肌胃交界处及腺胃与食道交界处呈带状出血（图7-7），肌胃角膜下出血，有时还见有溃疡灶。十二指肠以至整个肠道黏膜充血、出血（图7-8）。喉气管黏膜充血、出血（图7-9）。心冠沟脂肪出血。输卵管充血、水肿，其他组织器官无特征性病变。

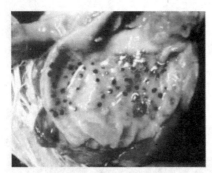
图7-6 腺胃乳头出血
（引自陈鹏举等，禽病诊治原色图谱，2017）

图7-7 腺胃与肌胃交界处带状出血
（引自陈鹏举等，禽病诊治原色图谱，2017）

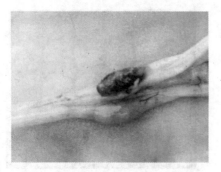
图7-8 盲肠扁桃体出血、坏死
（引自谷凤柱等，蛋鸡疾病诊治彩色图谱，2018）

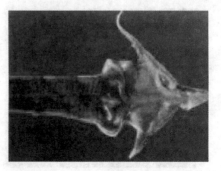
图7-9 喉头及气管黏膜充血、出血
（引自陈鹏举等，禽病诊治原色图谱，2017）

（2）非典型新城疫

病死鸡喉气管黏膜不同程度的充血、出血，输卵管充血、水肿。早期病例一般难发现消化道黏膜出血，在后期病死鸡中，如多剖检一些病例，有时可发现腺胃乳头、肌胃角膜下和十二指肠黏膜轻度出血。

5. *治疗*

（1）预防

①定期消毒和严格检疫

鸡场、鸡舍和饲养用具要定期消毒，保持饲料、饮水清洁。新购进的蛋鸡不可立即与原来的蛋鸡合群饲养，要单独喂养一个月以上，证明确实无疫病并接种疫苗后才能合群饲养。平时加强饲养管理，饲养密度适宜，通风良好，饲喂营养均衡饲料，适当增加维生素用量，以增强蛋鸡的体质，提高抗病力。

②适时预防接种

目前常用的疫苗有鸡新城疫Ⅰ系苗、Ⅱ系苗、Ⅳ系苗，三种疫苗的毒力各不相同，进行预防接种时应根据鸡群日龄的大小、免疫状态和免疫方式选用相应的疫苗。建议的免疫程序：

首免：1～3日龄，Ⅱ系、Ⅳ系或克隆株疫苗。

二免：首免后1～2周，Ⅳ系或克隆株。

三免：二免后2～3周，活苗和灭活苗。

四免：8～10周龄，Ⅳ系或克隆株。

五免：16～18周龄，活苗和灭活苗。

产蛋期：根据抗体水平及时补免或两个月免疫1次活疫苗。

③隔离淘汰

鸡群一旦发生了鸡新城疫，应及时向有关部门报告疫情并严格隔离病鸡，将病死鸡进行深埋或焚烧，对污染的场地、物品、用具等进行彻底消毒，同时对没有发病的鸡群进行紧急接种，以保护未被感染的健康鸡只，常用Ⅱ系苗或Ⅳ系苗进行接种。

（2）非典型新城疫治疗方案

①肌肉注射新城疫高免血清1毫升或高免卵黄抗体1～2毫升。

②抗微生物药饮水或拌料，控制细菌的继发感染，配合使用安乃近和维生素C，可以缓解病毒引起的高热症，干扰素等细胞因子通过饮水或注射，抑制病毒复制。

③疫苗紧急接种24小时后，选择清瘟败毒、凉血止痢、开窍的中药制剂治疗，如清瘟败毒散。

二、禽流感

1. 概述

禽流感是由A型禽流感病毒引起多种家禽及野生禽类感染的一种高度接触性传染病，又名欧洲鸡瘟或真性鸡瘟。临床上表现出不同程度的呼吸道症状、产蛋率下降，以至引起头冠和肉髯呈紫黑色、呼吸困难、下痢、腺胃乳头和肌胃角膜下等器官组织广泛性出血、胰脏坏死、纤维素性腹膜炎等症状。世界动物卫生组织（OIE）将其定为A类传染病，我国列为一类传染病，是目前严重危害养禽业的一种传染病。

根据禽流感致病性的不同，可以将禽流感分为高致病性禽流感和低致病性禽流感。H5亚型为高致病性禽流感，发病率和死亡率高；H9亚型为低致病性禽流感，发病率、死亡率相对低。

2. 流行病学

（1）易感动物

不同品种及各日龄的鸡均易感染。火鸡、雉鸡、鸽、鹌鹑、鹧鸪、鸵鸟等均可受禽流感病毒的感染而大批死亡。

（2）传染源

病禽、带毒禽和候鸟。

（3）传播途径

以呼吸道和消化道传播为主。病毒可通过被病禽的分泌物和粪便污染的饲料、饮水、空气中的尘埃以及笼具、蛋品、衣物、运输工具等进入健康禽群。带毒的候鸟和野生水禽在迁徙过程中，沿途可散播流感病毒。观赏鸟、赛鸽以及其他参加展览的鸟类都可直接或间接将禽流感病毒散播到敏感禽群内。与带毒的人的接触也能引起该病毒的传播。

（4）流行特点

本病一年四季均可发生，但在冬季和气温骤冷骤热的季节更易暴发。目前低致病性禽流感呈流行趋势，临床中常与大肠杆菌病、慢性呼吸道病、新城疫等病混合感染，致使死亡率较高。

3. 临床症状

（1）高致病性禽流感

多数病例病程为1～3天，常大批死亡，死亡率高达100%。发病前1～3天，鸡群的精神、采食量、产蛋率无明显变化，接着体温升高，精神萎靡或沉郁，昏睡，采食量明显减少，甚至食欲废绝，产蛋率大幅度下降或停产，蛋壳变薄、褪色，无蛋壳、畸形蛋增多（图7-10、图7-11）。鸡冠和肉髯瘀血、肿胀（图7-12、图7-13），头颈部水肿，排黄绿色或黄白色粪便（图7-14）。鼻窦肿胀，鼻腔分泌物增多，流泪，眼结膜充血。跗关节及胫部鳞片下出血（图7-15），出现运动失调、震颤、扭颈等神经症状。

图7-10　鸡蛋大小不等，畸形

（引自谷凤柱等，蛋鸡疾病诊治彩色图谱，2018）

图7-11　软壳蛋、薄壳蛋等增多

（引自陈鹏举等，禽病诊治原色图谱，2017）

图7-12　鸡冠发紫及面部肿胀

（引自陈鹏举等，禽病诊治原色图谱，2017）

图7-13　鸡冠和肉髯发黑，眼炎

（引自谷凤柱等，蛋鸡疾病诊治彩色图谱，2018）

图7-14　腹泻，排黄绿色或黄白色粪便

（引自谷凤柱等，蛋鸡疾病诊治彩色图谱，2018）

图7-15　爪部肿胀出血，鳞片下出血

（引自陈鹏举等，禽病诊治原色图谱，2017）

（2）低致病性禽流感

高产蛋鸡多发，具有发病慢、传播快、死亡率低的特征。产蛋率下降，但下降程度不一，有时可从90%的产蛋率在几天之内下降到10%以下，要经过一个多月才逐渐恢复到接近正常的水平，但却无法达到正常的水平。产蛋率受影响较严重的鸡群，蛋壳可能会褪色、变薄。在产蛋率受影响时，鸡群的采食、精神状况及死亡率基本正常，但也可见少数病鸡眼角分泌物增多，或在夜间安静时可听到一些轻度的呼吸啰音，个别病鸡有脸面肿胀，但鸡群死亡数仍在正常范围。再严重一些的病例，少数病鸡会下痢，排灰色或黄绿色稀粪。

4. 病理变化

（1）高致病性禽流感

病死鸡喉气管黏膜充血、出血（图7-16）。心肌坏死，坏死的白色心肌纤维与正常的粉红色心肌纤维红白相间（图7-17、图7-18）。胰腺有黄白色坏死斑点，腺胃乳头、腺胃与肌胃交界处、腺胃与食道交界处、肌胃角膜下和十二指肠黏膜出血（图7-19）。有些病例还可见头颈部、腿部皮下胶样浸润，肝脏黄白色坏死点（图7-20），其余器官组织则多呈出血性病变。

图7-16 气管严重出血

（引自陈鹏举等，禽病诊治原色图谱，2017）

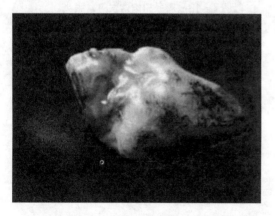

图7-17 心外膜有出血点、出血斑

（引自陈鹏举等，禽病诊治原色图谱，2017）

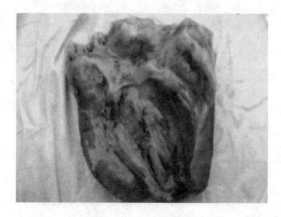

图7-18 心内膜出血

（引自谷凤柱等，蛋鸡疾病诊治彩色图谱，2018）

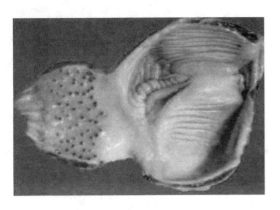

图7-19 腺胃乳头出血

（引自陈鹏举等，禽病诊治原色图谱，2017）

图7-20 肝脏肿胀，有黄白色坏死点

（引自谷凤柱等，蛋鸡疾病诊治彩色图谱，2018）

（2）低致病性禽流感

病死鸡喉气管黏膜充血、出血，在气管叉处有黄色干酪样物阻塞，气囊膜混浊。出现典型的纤维素性腹膜炎。输卵管黏膜充血、水肿（图7-21），卵泡充血、出血（图7-22）、变形。肠黏膜充血或轻度出血，胰腺有斑状灰黄色坏死点。

图7-21 输卵管水肿，内含黄白色脓性分泌物

（引自陈鹏举等，禽病诊治原色图谱，2017）

图7-22 卵泡淤血

（引自谷凤柱等，蛋鸡疾病诊治彩色图谱，2018）

5. 治疗

（1）预防

① 免疫接种

疫苗免疫是控制或降低禽流感发生的关键措施，建立完善的免疫体系并确保接种质量是重中之重。做好禽流感常规疫苗免疫，确保鸡群保持较高的抗体滴度，平时加强饲养管

efef

理，在饲料中添加维生素C、多种维生素预混剂和清热解毒的中药制剂等。坚持定期消毒和临时消毒相结合的原则。尽管已采取了严格的预防措施，有时病毒还是可能通过流动的空气、飞鸟的粪便等进入养鸡场内，经常的消毒就可以将环境内可能存在的病毒消灭或降低到最低数量，避免或减少疾病的发生。建议的免疫程序：

首免：15日龄，H9亚型和H5亚型禽流感灭活苗。

二免：35日龄，H9亚型和H5亚型禽流感灭活苗。

三免：80～90日龄，H9亚型和H5亚型禽流感灭活苗。

②隔离淘汰

一旦发现可疑病例，应立即向当地有关部门报告疫情，同时对病鸡群（场）进行封锁和隔离；一旦确诊，立即在有关兽医部门指导下，划定疫点、疫区和受威胁区。由县级及县级以上兽医行政主管部门报请同级地方政府，并由地方政府发布封锁令，对疫点、疫区、受威胁区实施严格的防范措施。严禁疫点内的禽类及其相关产品、人员、车辆以及其他物品运出，因特殊原因需要进出的必须经过严格的消毒；扑杀疫点内的一切禽类，扑杀的禽类及其相关产品包括种苗、种蛋、粪便、饲料、垫料等，必须经深埋或焚烧等方法进行无害化处理；对疫点内的禽舍、工具、运输工具、场地及周围环境实施严格的消毒和无害化处理；禁止疫区内的家禽及其产品的贸易和流动，设立临时消毒关卡对进出运输工具等进行严格消毒，对疫区内易感禽群进行监控，同时加强对受威胁区内禽类的监控；在对疫点内的禽类及相关产品进行无害化处理后，还要对疫点进行反复彻底消毒，彻底消毒后21天，如受威胁区内的禽类未发现有新的病例出现，即可解除封锁令。

（2）低致病性禽流感治疗方案

①抗微生物药饮水或拌料，控制细菌的继发感染；饲料或饮水中添加维生素C和安乃近或对乙酰氨基酚，配合干扰素、白介素等细胞因子辅助治疗；将饲料中蛋白质含量降低2%～3%，消除各种应激因素及做好消毒等。

②中药制剂辅助治疗。可用荆防败毒散、银翘散等中药处方辅助治疗。

三、马立克氏病

1. 概述

马立克氏病是鸡的一种淋巴组织增生的病毒性肿瘤病，以内脏器官、肌肉、皮肤肿瘤形成和周围神经的淋巴细胞浸润为特征，分为四种类型，即内脏型、神经型、皮肤型和眼

112

型。该病具有高度传染性，也是一种免疫抑制性疾病，目前呈世界性分布，对养鸡业造成了严重经济损失。

2. 流行病学

（1）易感动物

自然宿主以鸡为主，鹌鹑也是此病的重要自然宿主，肉鸡易感性大于蛋鸡。

（2）传染源

病鸡和带毒鸡。

（3）传播途径

病毒通过直接或间接接触传播，也可经空气传播。

（4）流行特点

感染鸡的不断排毒和病毒对环境的抵抗力不断增强是本病不断流行的重要原因，病毒主要侵害雏鸡，日龄越小感染性越强。一般雏鸡阶段感染，育成期以后发病，发病主要集中在2～5月龄，本病会造成免疫抑制，一般来说发病率和死亡率几乎相等，一旦发病应立即淘汰。

3. 临床症状

（1）内脏型

病鸡精神委顿，鸡冠苍白，蹲伏，不食，脱水，腹泻，消瘦，甚至昏迷，单侧或双侧肢体麻痹，触摸腹部有坚实的块状感。

（2）神经型

病鸡的外周神经被病毒侵害，步态不稳，病初不全麻痹，后期则完全麻痹。当一侧或两侧的坐骨神经受侵害时，病鸡的一条腿或两条腿麻痹（图7-23），常见的是一条腿麻痹，另一条腿向前跨步时，麻痹的腿跟不上来，拖在后面，形成"大劈叉"的特殊姿势（图7-24）。颈部神经受侵害时，头下垂或头颈歪斜。臂神经受侵害时则翅膀下垂。迷走神经受侵害时，引起失声、呼吸困难和嗉囊扩张。病鸡因饥饿、腹泻、脱水、消瘦，衰竭而死。

（3）皮肤型

病鸡翅膀、颈部、背部、尾上方和腿的皮肤上羽囊肿大，形成米粒至蚕豆大的结节或瘤状物（图7-25）。

（4）眼型

病鸡虹膜色素褪色，由橘红色变为灰白色，又称灰眼病，瞳孔边缘不整齐，瞳孔缩小，视力丧失（图7-26）。单眼失明的病程较长，最后衰竭而死。

图7-23　病鸡双侧坐骨神经麻痹

（引自谷凤柱等，蛋鸡疾病诊治彩色图谱，2018）

图7-24　病鸡呈"大劈叉"的特殊姿势

（引自谷凤柱等，蛋鸡疾病诊治彩色图谱，2018）

图7-25　病鸡皮肤上形成米粒至蚕豆大的结节或瘤状物

（引自谷凤柱等，蛋鸡疾病诊治彩色图谱，2018）

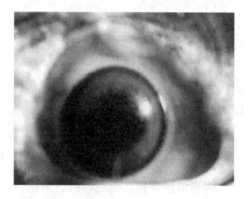

图7-26　虹膜呈灰白色，瞳孔边缘不整齐

（引自陈鹏举等，禽病诊治原色图谱，2017）

4. 病理变化

（1）内脏型

病死鸡卵巢、肝、脾、肾、心、肺、肠、肠系膜及腺胃等部位形成形状不一、大小不等的灰白色肿瘤结节（图7-27、图7-29、图7-30），肿瘤结节质地较硬，切面呈灰白色。部分病例为弥漫性肿瘤，即无明显的肿瘤结节，但受害器官高度肿大。法氏囊不发生肿瘤，法氏囊和胸腺有不同程度的萎缩。

（2）神经型

病死鸡外周神经发生病变，以腹腔神经丛、臂神经丛、坐骨神经群和内脏大神经最常见。受侵害的神经比正常肿大2～3倍（图7-31），且呈水煮样，神经上面有小的结节，使同一条神经变得粗细不均，神经纹消失，神经的颜色也由正常的银白色变为灰白色或灰黄色。

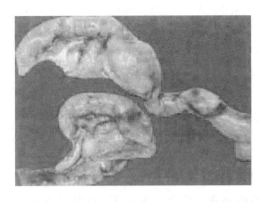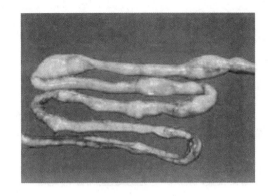

图7-27　肠及肠系膜形成肿瘤结节（引自陈鹏举等，禽病诊治原色图谱，2017）

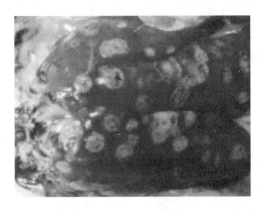

图7-28　肝脏形成大小不一的肿瘤

（引自陈鹏举等，禽病诊治原色图谱，2017）

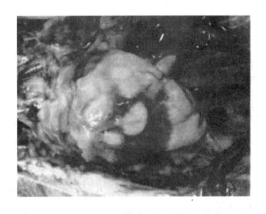

图7-29　心脏形成大小不一的肿瘤

（引自陈鹏举等，禽病诊治原色图谱，2017）

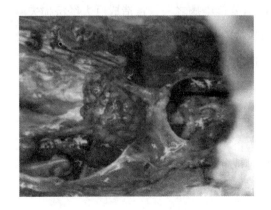

图7-30　卵巢肿瘤

（引自谷凤柱等，蛋鸡疾病诊治彩色图谱，2018）

图7-31　坐骨神经水肿

（引自谷凤柱等，蛋鸡疾病诊治彩色图谱，2018）

图7-32　腿部皮肤形成大小不等的肿瘤结节
（引自陈鹏举等，禽病诊治原色图谱，2017）

（3）皮肤型

病死鸡皮肤有大小不等、高低不平的肿瘤结节（图7-32），有的破溃、坏死等。

（4）眼型

病死鸡虹膜内有大量淋巴细胞浸润。

5. 防治

疫苗接种是防治本病的关键，常用的疫苗有火鸡疱疹病毒疫苗、血清Ⅱ型疫苗毒株、血清Ⅰ型疫苗毒株、血清Ⅰ型+Ⅱ型+Ⅲ型的多价疫苗和血清Ⅱ型+火鸡疱疹病毒（HVT）的二价疫苗。选择生产性能好的抗病品系鸡是未来防治本病的研究方向，同时应严格执行兽医卫生措施。一旦发病没有任何治疗价值，病鸡应及早淘汰。

四、传染性法氏囊病

1. 概述

传染性法氏囊病是由传染性法氏囊病毒引起的以破坏鸡的中枢免疫器官法氏囊为主要发病机制的一种急性、高度接触性和免疫抑制性的传染病。该病毒主要侵害3～6周龄的鸡，2周龄以下的雏鸡对该病毒有抵抗力。本病以鸡突然发病、传播迅速、病程短、发病率高、呈尖峰状死亡曲线为特征。临床表现出腹泻、颤抖、极度衰弱，法氏囊出血、水肿，肾脏肿胀，腿肌和胸肌出血，腺胃和肌胃交界处呈条状出血等症状。目前，本病呈世界性流行，在我国被列为二类动物疫病，也是严重威胁养鸡业的重要传染病之一，常造成巨大经济损失。其原因一方面是鸡只死亡、淘汰率增加、影响增重造成直接经济损失，另一方面是该病可导致免疫抑制，使鸡群对多种疫苗的免疫应答下降，造成免疫失败，使鸡群对其他病原体的易感性增加。

2. 流行病学

（1）易感动物

各品种的鸡均可感染，3～6周龄的鸡最易感，成年鸡法氏囊已经退化，多呈隐性感染，火鸡也呈隐性感染。

（2）传染源

病鸡和带毒鸡。

（3）传播途径

通过被鸡排泄物污染的饲料、饮水和垫料等媒介经消化道传播，也可以通过呼吸道和眼结膜等传播。

（4）流行特点

本病潜伏期短，传播迅速，感染率和发病率高，有明显的死亡高峰。本病因法氏囊受损导致免疫抑制，造成马立克氏病、新城疫等免疫失败，本病易与大肠杆菌病、沙门杆菌病、球虫病、曲霉菌病、新城疫及慢性呼吸道病等混合感染，致使死亡率明显上升，治疗更为困难。

图7-33　病鸡精神萎靡，闭目打盹呈昏睡状
（引自陈鹏举等，禽病诊治原色图谱，2017）

3. 临床症状

健康鸡群突然发病，病势严重，2～3天内可使60%～70%的鸡发病。病鸡精神高度萎靡，食欲下降，羽毛蓬松，翅下垂，颤抖，闭目打盹呈昏睡状（图7-33），严重时卧下不动，呈三足鼎立姿势。有些病鸡会自啄泄殖腔。腹泻，排出白色稀粪或蛋清样稀粪（图7-34），内含细石灰渣样物，干涸后呈石灰样，肛门周围羽毛污染严重。畏寒、挤堆，严重者垂头、伏地，严重脱水，极度虚弱，对外界刺激反应迟钝或消失，后期体温下降。一般发病后的第3天开始死亡，7～8天后停止死亡，而且症状迅速消失。

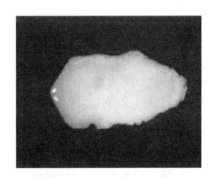

图7-34　腹泻，排出白色稀粪或蛋清样稀粪
（引自陈鹏举等，禽病诊治原色图谱，2017）

4. 病理变化

病死鸡尸体脱水现象明显，胸肌、腿肌有不同程度的条状或斑点状出血（图7-35）。特征性病变为法氏囊肿大、出血和水肿（图7-36、图7-37），体积增大，重量增加，是正常的2～3倍，囊壁增厚3～4倍，质地变硬，外形变圆，黏膜褶皱上有出血点或出血斑，渗出液呈淡粉红

图7-35　腿肌及胸肌出血
（引自陈鹏举等，禽病诊治原色图谱，2017）

图7-36 法氏囊胶冻样水肿　　　　　　　图7-37 法氏囊出血、坏死
（引自谷凤柱等，蛋鸡疾病诊治彩色图谱，2018）　（引自谷凤柱等，蛋鸡疾病诊治彩色图谱，2018）

色。腺胃和肌胃交界处常有横向出血斑点或溃疡，盲肠扁桃体肿大、出血，胸腺萎缩。肾脏有不同程度的肿大，可见有尿酸盐沉积呈红白相间的"花斑肾"。肝脏呈黄灰色或土灰色，死后因肋骨挤压呈红黄相间的条纹状，周边有梗死灶。

5. 防治

（1）预防

① 免疫接种

免疫接种是预防本病的关键措施，根据当地的疫情状况、饲养管理条件、疫苗毒株的特点、鸡群母源抗体水平等确定最佳的免疫时间并确保接种质量。目前普遍应用传染性法氏囊病弱毒苗D78，一般采用饮水免疫，也可滴鼻、点眼。建议的免疫程序：

首免：10～14日龄，传染性法氏囊病弱毒苗D78。

二免：首免3周后，传染性法氏囊病弱毒苗D78。

② 加强饲养管理

平时应加强饲养管理，搞好卫生，做好消毒工作，消灭环境中的病毒，减少或杜绝强毒的感染机会，饲喂优质的饲料，给鸡群创造适宜的小环境，尽量减少应激。消毒液以酚制剂、福尔马林和强碱消毒药液效果较好。首先应对需消毒的环境、鸡舍、笼具、食槽、饮水器具、工具等喷洒消毒药，经4～6小时后，进行彻底清扫和冲洗，将粪便和污物清理干净，再用高压水枪冲洗整个鸡舍、笼具和地面等。经2～3次消毒，再用清水冲洗1次，然后将消毒干净的用具等放回鸡舍，再用福尔马林熏蒸消毒10小时，进鸡前通风换气。

（2）治疗方案

① 发病后隔离病鸡，舍内外彻底消毒，适当提高鸡舍温度，饮水中添加补液盐和电解多维（尤其是维生素C），供应充足饮用水，适当降低饲料中2%～3%的蛋白质含量等措

施，有利于病鸡的康复。

②病鸡和假定健康鸡肌内注射高免卵黄或血清。20日龄以内的鸡0.5毫升/只，20日龄以上的鸡1~2毫升/只，治疗8~10天后，接种法氏囊病疫苗。

③抗微生物药饮水或拌料，控制细菌的继发感染。

④采用扶正祛邪、清热解毒、凉血止痢的中药制剂治疗，如扶正解毒散、清瘟败毒散等方剂。

五、传染性支气管炎

1. 概述

传染性支气管炎是由传染性支气管炎病毒引起的鸡的一种急性、高度接触性呼吸道和泌尿生殖道传染病，各阶段的鸡都易感，雏鸡更易感。临床特征是咳嗽、喷嚏、气管啰音和呼吸道黏膜呈浆液性、卡他性炎症。如发生肾病变型传染性支气管炎还会出现病鸡肾肿大、肾小管和输尿管内有尿酸盐沉积等病理变化。雏鸡通常表现流鼻液、呼吸困难等呼吸道症状，有时会发生死亡。产蛋鸡则以产蛋量减少和蛋白品质下降为特征。

本病呈世界性分布，传染性强，传播快，潜伏期短，发病率高，雏鸡死亡率最高。蛋雏鸡发生传染性支气管炎则导致蛋鸡无产蛋高峰期。成年鸡表现为呼吸道症状和产蛋率下降。目前，传染性支气管炎是严重危害养鸡业的几种主要禽病之一。

2. 流行病学

（1）易感动物

本病目前只感染鸡，不同日龄、品种的鸡均易感，但以雏鸡和产蛋鸡发病较多，尤以40日龄以内的雏鸡发病最为严重，死亡率也高。

（2）传染源

病鸡和带毒鸡。

（3）传播途径

病鸡通过呼吸道和消化道排毒，经空气中的飞沫和尘埃传染给易感鸡，也可通过被污染的饲料、饮水和器具等媒介经消化道传播，还可经卵垂直传播。

（4）流行特点

本病一年四季流行，但以冬、春寒冷季节最为严重。过热、拥挤、温度过低、通风不良、饲料中的营养成分配比失当、缺乏维生素和矿物质及其他不良应激因素都会促进本病的发生。本病传播迅速，一旦感染，很快传播全群。

3. 临床症状

(1) 呼吸道型

雏鸡发病后精神委顿，闭眼沉睡，伸颈，张口呼吸（图7-38），咳嗽，打喷嚏，呼吸啰音，翅下垂，羽毛松散无光，怕冷挤堆，个别鸡面部肿胀。产蛋鸡除有呼吸道症状外，其开产推迟和产蛋下降，产蛋率下降25%～50%，可持续4～8周，同时畸形蛋、软壳蛋、粗壳蛋增多（图7-39）。蛋的品质也会下降，蛋清稀薄如水，蛋黄与蛋清分离。康复后的产蛋鸡产蛋量很难恢复到患病前的水平。若1日龄感染会造成永久性的输卵管受损，也是蛋鸡不下蛋的原因之一，10～14日龄感染则会造成较多的假母鸡。

图7-38 病鸡张口呼吸 　　　　图7-39 畸形蛋、软壳蛋、粗壳蛋增多
（引自陈鹏举等，禽病诊治原色图谱，2017）（引自陈鹏举等，禽病诊治原色图谱，2017）

(2) 肾型

肾型主要发生于2～4周龄的雏鸡，死亡率高，达30%以上；育成鸡和产蛋鸡也有发生，成年鸡和产蛋鸡群并发尿石症时死亡率增大。病初出现轻微呼吸道症状，如啰音、喷嚏、咳嗽等，但只有在夜间才较明显。呼吸道症状消失后不久，鸡群会突然大量发病，出现厌食、口渴、精神萎靡、扎堆，排出水样白色稀粪，内含大量尿酸盐，肛门周围羽毛污浊。病鸡因脱水而体重减轻、胸肌发绀，重者鸡冠、面部及全身皮肤颜色发暗。发病10～12天达到死亡高峰，21天后死亡停止，死亡率约为30%。产蛋鸡感染后也会引起产蛋量下降、产异常蛋和死胚率增加，但死亡不多。

4. 病理变化

(1) 呼吸道型

病死鸡鼻腔、喉头、气管、支气管内有浆液性、卡他性和干酪样（后期）分泌物，上呼吸道被水样或黏稠的黄白色分泌物附着或堵塞。鼻窦、喉头、气管黏膜充血、水肿、增厚。气囊轻度混浊、增厚（图7–40、图7–41）。支气管周围肺组织发生小灶性肺炎。如伴有混合感染，还可见到呼吸道发生脓性、纤维素性炎症。产蛋鸡则多表现为卵泡充血、出血、变形、破裂，甚至发生卵黄性腹膜炎。

（2）肾型

病死鸡肾脏苍白、肿大、小叶突出。肾小管和输尿管扩张，沉积大量尿酸盐，使整个肾脏外观呈斑驳的白色网线状，俗称"花斑肾"（图7–42）。在严重病例中，白色尿酸盐不但弥散分布于肾脏表面，而且会沉积在其他组织器官表面，即出现所谓的内脏型"痛风"。发生尿石症的鸡除输尿管扩张，内有沙粒状结石外（图7–43），还往往会出现一侧肾高度肿大，另一侧肾萎缩。

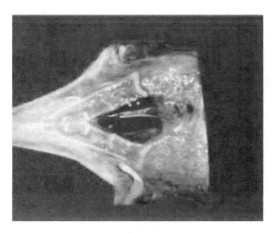

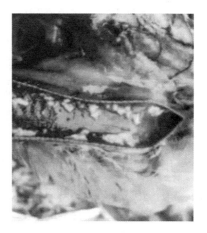

图7–40　鼻腔充血、出血　　　　　　　　图7–41　气管出血、有干酪样分泌物
（引自陈鹏举等，禽病诊治原色图谱，2017）　　（引自谷凤柱等，蛋鸡疾病诊治彩色图谱，2018）

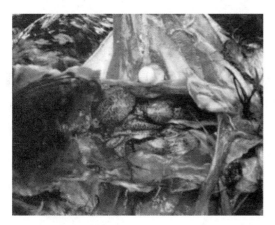

图7–42　肾脏肿大，形成"花斑肾"　　　　图7–43　输尿管堵塞，剪开后有石灰样栓塞
（引自谷凤柱等，蛋鸡疾病诊治彩色图谱，2018）　（引自陈鹏举等，禽病诊治原色图谱，2017）

5. 防治

（1）预防

① 加强饲养管理

平时应加强饲养管理，搞好环境卫生，及时消毒，减少诱发因素，供应优质饲料是控制或降低发病的重要措施。育雏时要注意保温，避免拥挤。

② 免疫接种

免疫接种是预防本病的关键。因本病毒变异频繁，血清型众多，各型间交叉保护力弱，用当地流行株制成的油乳剂灭活疫苗接种是目前控制本病最有效的方法。常用的疫苗是 H_{120}、H_{52} 弱毒苗。其中，H_{120} 毒力弱，用于雏鸡的首次（一般在 1～10 日龄）免疫；H_{52} 毒力较强，用于雏鸡第二次免疫和成鸡免疫。这两种疫苗均可采用饮水、滴鼻、点眼的方法，H_{120} 免疫期约为 2 个月，H_{52} 免疫期可达 6 个月。建议的免疫程序：

首免：5～7 日龄，H_{120} 弱毒苗，滴鼻、点眼。

二免：25～30 日龄，H_{52} 弱毒苗，滴鼻、点眼。

三免：开产前接种一次鸡传染性支气管炎油乳剂灭活疫苗。

（2）治疗方案

① 采用对肾脏无损害的抗微生物药饮水或拌料，控制支原体病、大肠杆菌病等的继发感染。饮水中添加复方碳酸氢盐电解质和多种维生素，降低饲料中蛋白质的含量，供应充足的饮水等措施可缓解肾型的症状。

② 可采用清肺化痰、止咳平喘的中药制剂治疗，如麻杏石甘散等。

六、减蛋综合征

1. 概述

减蛋综合征是由腺病毒引起的产蛋鸡的一种急性病毒性传染病。其表现为在饲养管理条件正常的情况下，蛋鸡群产蛋率达到高峰时突然急剧下降，同时出现蛋壳异常，无壳蛋、薄壳蛋、畸形蛋增多，蛋壳表面不光滑，表面有灰白色或灰黄色粉状物等情况。世界上现在只有少数几个国家无减蛋综合征的报道，其给养鸡业带来了较大的经济损失。

2. 流行病学

（1）易感动物

任何阶段的鸡均可感染，但产蛋高峰期的鸡最易感染。鸡的品种不同，易感性也有差异，产褐壳蛋的肉用种母鸡最易感。除鸡以外，鸭、鹅、野鸡、珠鸡等也可感染并带毒、排毒。

（2）传染源

病鸡、带毒鸡及带毒的水禽。

（3）传播途径

以垂直传播和水平传播为主。该病毒可通过种蛋垂直传播，被病毒感染的精液和受精种蛋也可传播本病。病鸡的输卵管、泄殖腔、粪便、肠道内容物都能分泌病毒，并向外排毒传染给易感鸡，因此水平传播也是主要的传播方式。

（4）流行特点

感染病毒后，在蛋鸡性成熟前病毒的感染性不会表现出来，也不易检测。性成熟后，在产蛋初期因应激因素而使病毒活化，使产蛋鸡在28～35周龄时通过卵黄排出病毒并使蛋壳形成机能发生紊乱，产蛋率急剧下降，同时出现无壳软蛋或薄壳蛋等异常蛋。当鸡群中发生减蛋综合征时，可能同时存在传染性支气管炎、呼肠孤病毒病及鸡慢性呼吸道病的混合感染。

3. 临床症状

本病临床症状较为缓和，有些病鸡呈嗜睡样，有时出现轻微的呼吸道症状，发病初期还可能出现短期的绿色水样腹泻。本病的死亡率非常低，只有重症时才达到3%。

产蛋鸡在产蛋率达到高峰时突然发病，产蛋率急剧下降，下降幅度为10%～50%，一般在30%左右。病初蛋壳的色泽变淡，接着薄壳蛋、软壳蛋、无壳蛋和畸形蛋增多（图7-44），蛋壳粗糙如沙粒状，表面有灰白、灰黄粉末状物质，变薄易碎，破损率高达40%。蛋的重量减轻、体积明显变小。产蛋率下降持续4～10周后逐渐恢复正常，大多数情况下产蛋率很难恢复到正常水平，发病周

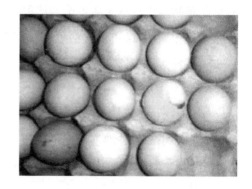

图7-44 蛋壳的色泽变淡，薄壳蛋、
软壳蛋、无壳蛋和畸形蛋增多

（引自陈鹏举等，禽病诊治原色图谱，2017）

龄越晚，恢复的可能性就越小，但受精率和孵化率不受影响。部分病鸡出现减食、腹泻、贫血、羽毛蓬乱、精神呆滞等症状。

4. 病理变化

病鸡发生死亡，多因腹膜炎或输卵管炎造成。病鸡肝脏肿大，胆囊明显增大，充满淡绿色胆汁。卵泡充血，变形或掉落，或发育不全，卵巢萎缩或出血。子宫和输卵管管壁明

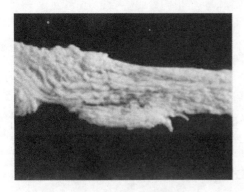

图7-45　输卵管黏膜出血

（引自陈鹏举等，禽病诊治原色图谱，2017）

显增厚、出血、水肿（图7-45），其表面有大量白色渗出物或干酪样分泌物。

5. 防治

（1）预防

① 加强饲养管理

要加强对鸡群的饲养管理，提供给鸡群全价日粮，特别是要保证赖氨酸、胱氨酸、蛋氨酸、胆碱、维生素B_{12}、维生素E以及钙的需要。在发生该病的地区和鸡场，为了防止该病的水平传播，鸡场内不同鸡群间要进行隔离，限制非管理人员入内。鸡场内要搞好卫生和消毒工作，不用患病鸡群的种蛋进行孵化。

② 免疫接种

免疫接种是预防减蛋综合征的关键措施，雏鸡应做好传染性支气管炎、呼肠孤病毒病及慢性呼吸道病等的预防，还可通过建立无疫病鸡场等措施来降低发病率。目前对减蛋综合征的预防主要依靠灭活疫苗的接种，各国使用的疫苗有单价灭活疫苗和二联或三联灭活疫苗。其中，BC14单价灭活疫苗，用于14~18周龄的育成母鸡，使用方法是每只鸡肌肉或皮下接种0.5毫升。

（2）治疗方案

① 抗微生物药饮水或拌料，控制细菌的继发感染，干扰素或白介素等细胞因子饮水，饲料中添加多种维生素或鱼肝油、蛋氨酸等进行辅助治疗。

② 选择清热解毒、益气健脾、活血祛痰、补肾强体的中药制剂治疗，如健鸡散等。

七、禽霍乱

1. 概述

禽霍乱又称禽巴氏杆菌病、禽出血性败血症（简称禽出败），是由多杀性巴氏杆菌引起的禽类的一种接触性传染病。临床上急性病例主要表现出突然发病、剧烈下痢、败血症状及高死亡率；慢性病例表现出鸡冠、肉髯水肿，关节炎，病程较长，死亡率低。

2. 流行病学

（1）易感动物

各种日龄的家禽和野禽均可感染本病，鸡、火鸡、鸭、鹅、鹌鹑易感，雏鸡很少发生。

（2）传染源

病禽、带菌禽及其他病禽是主要传染源。

（3）传播途径

经呼吸道、消化道、黏膜或皮肤外伤感染。病死鸡的尸体、粪便、分泌物和被污染的用具、土壤、饲料、饮水等是传播的主要媒介，尤其是在鸡群密度大，舍内通风不良以及尘土飞扬的情况下，通过呼吸道传染的可能性更大。吸血昆虫、苍蝇、鼠、猫也可能成为传播的媒介。

（4）流行特点

本病四季均可发生，高温、潮湿、多雨的夏秋两季及气候多变的春季容易发生。饲养管理不当，禽舍阴暗、潮湿、拥挤，天气突变，营养缺乏，长途运输，禽群发生其他疾病等情况下常诱发本病。

3. 临床症状

（1）最急性型

成年产蛋鸡多发。常无明显症状，突然倒地死亡，一般在早晨发现死鸡。

（2）急性型

病鸡精神不振，缩颈闭眼，羽毛松乱，离群呆立，呼吸困难，口鼻流出大量混有泡沫的黏液。鸡冠和肉髯发紫（图7-46），肉髯水肿、发热和疼痛。剧烈腹泻，排灰黄色或绿色粪便。病鸡体温升高至43℃以上，多在1～3天死亡，蛋鸡产蛋量减少或停止产蛋。

（3）慢性型

病程可达几周，最后衰竭死亡。病鸡精神萎靡，食欲减退，肉髯、鸡冠苍白、水肿或坏死。关节发炎、肿胀、化脓，出现跛行等症状（图7-47）。有的病例可见鼻窦肿大，鼻腔分泌物增多，分泌物有特殊臭味。鸡群长期腹泻，产蛋量下降。

图7-46 鸡冠和肉髯发紫
（引自谷凤柱等，蛋鸡疾病诊治彩色图谱，2018）

图7-47 关节肿胀、变形
（引自谷凤柱等，蛋鸡疾病诊治彩色图谱，2018）

4. 病理变化

（1）最急性型

常无明显剖检变化。偶尔可见病死鸡鸡冠、肉髯呈紫红色，心外膜有出血点，肝表面有针尖大的灰黄色或灰白色坏死点（图7-48）。

（2）急性型

病死鸡皮下组织和腹腔脂肪及肠系膜、浆膜和黏膜有大小不等的出血点。胸腔、腹腔、气囊和肠浆膜等处有纤维素性或干酪样灰白色渗出物。心冠脂肪和心外膜有出血点（图7-49），心包积有淡黄色液体，混有纤维素性物，心冠脂肪及其他部位脂肪有出血点或片状出血等。肺脏瘀血、出血、水肿（图7-50）。肝脏肿大、质脆，表面有针尖至针头大小的灰黄色或灰白色坏死点，有时点状出血。肌胃出血，十二指肠等呈卡他性和出血性肠炎，黏膜充血、出血，内容物混有血液，有的肠系膜覆盖黄色纤维素性物。

图7-48 肝脏肿大，表面有针尖大的灰黄色坏死点

（引自谷凤柱等，蛋鸡疾病诊治彩色图谱，2018）

图7-49 心冠脂肪点状出血

（引自陈鹏举等，禽病诊治原色图谱，2017）

（3）慢性型

病鸡以呼吸道症状为主时，鼻腔、气管和支气管内有大量的黏性分泌物，肺脏质地稍硬，肉髯水肿、坏死，内有干酪样渗出物。关节炎型病例，表现出关节肿大、变形，内有炎性渗出物和干酪样坏死物，卵巢充血、出血（图7-51），卵黄破裂掉入腹腔后形成卵黄性腹膜炎。

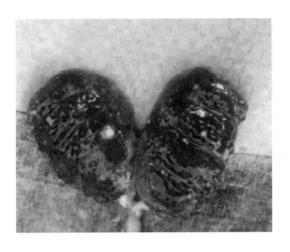

图7-50 肺脏出血

（引自谷凤柱等，蛋鸡疾病诊治彩色图谱，2018）

图7-51 卵泡充血、出血

（引自谷凤柱等，蛋鸡疾病诊治彩色图谱，2018）

5. 防治

（1）预防

① 加强饲养管理

平时应加强饲养管理，搞好环境卫生，避免或杜绝疾病的诱因。严格执行卫生消毒制度，定期进行禽场环境和禽舍的消毒。坚持自繁自养原则，如需引进种禽时，必须从无病禽场购买，新引进的家禽要隔离饲养半个月，观察无病后方可混群饲养。发病后立即对发病的场所、饲养环境和管理用具等进行彻底消毒，粪便及时清除，病死尸体要全部焚烧或深埋。

② 免疫接种

禽霍乱常发或流行严重的地区，可以考虑接种疫苗进行预防。目前国内使用的疫苗有弱毒疫苗和灭活疫苗两种，弱毒疫苗有禽霍乱731弱毒疫苗、禽霍乱G190E40弱毒疫苗等，免疫期为3～3.5个月。灭活疫苗有禽霍乱氢氧化铝疫苗、禽霍乱油乳剂灭活疫苗等，免疫期为3～6个月。弱毒疫苗一般在6～8周龄进行首免，10～12周龄进行再次免疫，常采用饮水途径接种。灭活疫苗一般在10～12周龄首免，肌肉注射2毫升，6～18周龄再加强免疫一次。此外，也可从病死鸡分离出菌株，制成氢氧化铝甲醛疫苗用于当地禽霍乱的预防，免疫效果良好。注射弱毒苗后至少7天不能使用抗菌药物。

（2）治疗

① 根据药敏试验结果，可选择高敏的抗微生物药饮水或拌料来控制继发感染，常用的药物有青霉素、链霉素、土霉素、四环素、金霉素、磺胺类药物等。

② 采用清热解毒、燥湿止痢的中药制剂治疗，如清热止痢散等。

八、鸡白痢

1. 概述

鸡白痢是由鸡白痢沙门氏菌引起的禽类的一种细菌性传染病，主要危害鸡和火鸡，临床上雏鸡拉白色糊状稀粪，死亡率高，成年鸡多呈慢性经过或隐性感染。

2. 流行病学

（1）易感动物

本病主要感染鸡和火鸡，尤其鸡对本病最敏感。各种日龄、品种的鸡均有易感性，2～3周龄的雏鸡常发，发病率和死亡率最高，常呈暴发性流行，成年鸡呈慢性经过或隐性感染。此外，鸭、雏鹅、珍珠鸡、野鸡、鹌鹑、麻雀和鸽子等也能自然感染。在哺乳动物中，兔特别是乳兔有高度易感性。

（2）传染源

病鸡和带菌鸡是主要传染源，某些有易感性的飞禽也可以成为传染源。

（3）传播途径：本病可经蛋垂直传播，也可通过孵化器，被污染的饲料、饮水、垫料、粪便，鼠类和环境等水平传播。

（4）流行特点

饲养管理不善，鸡群饲养密度大，环境卫生恶劣，育雏温度偏低或波动过大，空气潮湿以及存在着其他病原体的感染，都会加剧本病的暴发，增加死亡率。

3. 临床症状

带菌蛋孵出的雏鸡大多在孵化过程中死去，或孵出病弱雏，但出壳后不久也会死亡，见不到明显症状。出壳后被感染的，一般从4～5日龄开始发病，常呈无症状急性死亡；7～10日龄感染发病的雏鸡日渐增多，至2～3周龄达到高峰。病雏表现出精神沉郁，闭眼打瞌睡，两翅下垂，绒毛松乱，怕冷扎堆，食欲下降甚至废绝（图7-52）。病雏排便时常尖叫，排白色糊状稀粪，沾污肛门周围的绒毛，有的因粪便干燥后封住肛门而使排粪困难。有的病雏表现出呼吸困难而急促，后腹部快速地一收一缩。有些病雏还会出现眼盲或关节肿胀、跛行等症状。病程一般为4～10天，死亡率一般为40%～70%。3周龄以上发病的雏鸡较少死亡。耐过的病雏多生长发育不良，成为带菌者。

成年鸡感染后一般呈慢性经过，无任何症状或仅出现轻微的症状。病鸡表现出精神不振，食欲降低，但渴欲增加，鸡冠和眼黏膜苍白，常伴有腹泻。有些病鸡因卵巢或输卵管受到侵害而产生卵黄性腹膜炎，出现"垂腹"现象，母鸡的产蛋率、受精率和孵化率下降，死淘率增加。

4. 病理变化

急性死亡的雏鸡无明显眼观可见的病变。病程稍长的病死雏鸡可见肺脏出现黄白色坏死灶或大小不等的灰白色结节（图7-53）。肝脏肿大（图7-54），呈砖红色，有灰白色或淡黄色的小坏死点（图7-55），有时有出血斑点或呈条纹状出血，胆囊充盈。心脏变形，心肌有大小不一的白色结节。盲肠内充斥干酪样物，形成"盲肠芯"，呈香肠样，有时混有血液。脾有时肿大，常见有坏死。肾脏充血或出血，输尿管充斥灰白色尿酸盐。若累及关节，可见关节肿胀、发炎。

图7-52　病雏精神沉郁，绒毛松乱
（引自陈鹏举等，禽病诊治原色图谱，2017）

图7-53　肺脏出现大小不等的灰白色结节
（引自谷凤柱等，蛋鸡疾病诊治彩色图谱，2018）

图7-54　肝脏肿大
（引自谷凤柱等，蛋鸡疾病诊治彩色图谱，2018）

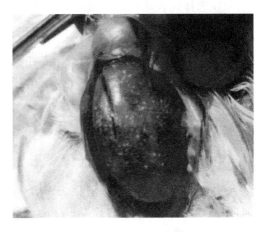

图7-55　肝脏有灰白色或淡黄色的小坏死点
（引自谷凤柱等，蛋鸡疾病诊治彩色图谱，2018）

图7-56　卵泡破裂

（引自谷凤柱等，蛋鸡疾病诊治彩色图谱，2018）

成年病鸡主要表现为卵巢和卵泡破裂、变形、变色、变质（图7-56）。卵泡的内容物变成油脂样或干酪样。病变的卵泡常可从卵巢上脱落下来，掉到腹腔中，造成广泛性卵黄性腹膜炎，并引起肠管与其他内脏器官相互粘连。成年病鸡还常见腹水和心包炎。

5. 防治

（1）预防

① 加强饲养管理

种蛋入孵前要做好孵房、孵化机及所有用具的清扫、冲洗和消毒工作。每次入鸡前都要对鸡舍、设备、用具及周围环境进行彻底消毒并至少空置一周。饲养期间，应注意供应优质饲料，饮水充足。平时应搞好环境卫生，定期给鸡消毒，做好育雏室的保温与通风换气。建议采用"全进全出、自繁自养"生产模式，还应定期检疫，净化种鸡群，建立无白痢种鸡群。

② 药物预防

雏鸡出壳后可用福尔马林和高锰酸钾药液在出雏器中熏蒸15分钟，并在饮水或饲料中适当添加有效抗菌药物。由于沙门氏菌极易产生耐药性，因此要注意抗菌药物的选择与合理使用。

（2）治疗方案

① 选择抗菌药物前，最好先利用现场分离的菌株进行药敏试验。常用的抗菌药有磺胺类药物（以磺胺嘧啶、磺胺甲基嘧啶和磺胺二甲基嘧啶为首选药）、金霉素、土霉素、环丙沙星、恩诺沙星、庆大霉素和卡那霉素等。

② 可选择清热解毒、燥湿止痢的中药制剂治疗，如鸡痢灵散、雏痢净等。

九、球虫病

1. 概述

球虫病又称艾美耳球虫病，是由艾美耳球虫寄生于肠上皮细胞引起肠道组织损害、出血而导致鸡急性死亡的一种原虫病。主要发生于3月龄以内的雏鸡，15～50日龄内最易感染，发病率为50%～70%，死亡率为20%～30%，严重者高达80%。球虫病是一种全球性的原虫病，是对养鸡业危害最严重的疾病之一，常呈暴发性流行。

2. 流行病学

（1）易感动物

鸡是唯一宿主，所有日龄和品种的鸡对球虫均有易感性，康复鸡可以建立有效的免疫力，并能限制其再感染。本病一般暴发于3～6周龄的雏鸡，2周龄以内的雏鸡很少发病。

（2）传染源

病鸡和带虫鸡。

（3）传播途径

主要经消化道传播，鸡通过摄入有活力的孢子化卵囊而感染，被粪便污染过的饲料、饮水、土壤或器具等都有卵囊的存在，其他动物、尘埃和管理人员，都可成为球虫的机械传播者。

（4）流行特点

本病多在温暖潮湿的季节流行。在我国南方，3月份到11月末为流行季节，3～5月份最为严重；在北方，4～9月份为流行季节，7～8月份最为严重。各种球虫致病性不同，柔嫩艾美耳球虫致病性最强，其次为毒害艾美耳球虫，但一般情况下多为两个以上虫种混合感染。若饲养管理条件不良（如拥挤潮湿或卫生条件恶劣）、营养缺乏，以及有马立克氏病、传染性法氏囊病、传染性贫血、大肠杆菌病、慢性呼吸道病等疾病的存在，均能诱发或加重本病，造成死亡率增高。

3. 临床症状

病雏精神不振，采食量下降或废绝，但饮水量增加，喜欢拥挤，羽毛松乱，闭眼呆立。病雏下痢，排出混有血液甚至全血的稀粪。病鸡可视黏膜、冠、髯苍白，呈贫血症状，死亡率为20%～80%。发病后期食欲废绝，两翅下垂，运动失调，倒地痉挛死亡。多数病鸡于发病后6～10天内死亡，雏鸡的死亡率为50%以上，严重时可达100%。3月龄以上的中雏及成年鸡感染后多为慢性型，表现为厌食、消瘦、生长缓慢、偶有间歇性下痢，蛋鸡产蛋下降。

4. 病理变化

柔嫩艾美耳球虫会导致病死鸡盲肠肿大数倍（图7-57），呈暗红色，肠壁增厚，盲肠中的血液和脱落黏膜逐渐变硬，形成红色或红、白相间的肠芯（图7-58），病程长时盲肠内有暗红色干酪样物。毒害艾美耳球虫会导致病死鸡小肠肠壁充血、出血和坏死，黏膜肿胀增厚，肠内容物中含有大量的血液、血凝块和坏死脱落的上皮细胞。

图7-57　盲肠肿大，浆膜外点状出血
（引自陈鹏举等，禽病诊治原色图谱，2017）

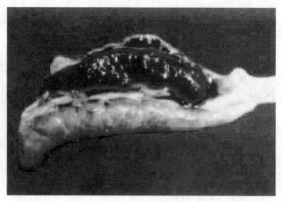

图7-58　盲肠中的血液和脱落黏膜形成红色
或红、白相间的肠芯

（引自陈鹏举等，禽病诊治原色图谱，2017）

5. 防治

（1）预防

①加强饲养管理

平时应勤换垫料、及时清理粪便并做无害化处理，做好环境的消毒，及时清洗笼具、饲槽、水具等设施。做好鸡舍的通风与换气，保持舍内空气新鲜，控制环境的湿度，饲养密度适中。合理搭配日粮，补充充足的维生素等可降低发病率。

②免疫接种

球虫疫苗已在生产中取得较好的预防效果，目前市场上已有数种球虫疫苗，主要分为两种：活毒虫苗和早熟弱毒虫苗。但疫苗不能用于紧急接种，接种前后不得用抗球虫药，也不可使用影响免疫的药物（如磺胺、四环素等）。

③药物预防

在鸡群整个生长期都可用抗球虫药预防，常用的预防性药物有很多种类，多混在饲料中饲喂，用药时要按规定计量与饲料混合均匀，严防拌和不均引起药物中毒。可选用的药物有：

a. 氨丙啉：按0.0125%混入饲料，无休药期。

b. 常山酮：按0.0003%混入饲料，休药期5天。

c. 盐霉素：按0.005%～0.006%混入饲料，无休药期。

此外还可以用马杜霉素、莫能霉素、克球粉、痢特灵等混在饲料中饲喂，但必须注意拌匀。在实际生产中每种药物使用的时间不能过长，最好几种药物交叉使用。

（2）药物治疗

治疗时采用轮换用药、穿梭用药和联合用药的原则，根据峰期合理地选择药物并掌握确切的用量。

① 选用抗球虫药进行治疗，如磺胺类药、氨丙啉、地克珠利、百球清、常山酮等。氨丙啉，按0.012%～0.024%混入饮水，连用3天，休药期为5天。百球清，按0.0025%混入饮水，连用3天。磺胺二甲基嘧啶，按0.1%饮水给药，连用2天，休药期为10天。磺胺氯吡嗪钠（球虫粉），按0.012%～0.024%混入饮水，连用3天，无休药期。磺胺喹恶啉，按0.1%拌料，连用3天；停药3天后，再按0.05%拌料，连用2天，无休药期。磺胺类药物长期服用，对肝、肾毒性较大，一般连续服用不能超过5天。

② 采用清热燥湿、杀虫止痢的中药制剂辅助治疗，如鸡球虫散、驱球散、常山柴胡散等。

主要参考文献

［1］辛宏伟. 美国蛋鸡产业发展现状与研发机遇［J］. 中国家禽，2012，34（24）：1-4.

［2］杨柳，李保明. 蛋鸡福利化养殖模式及技术装备研究进展［J］. 农业工程学报，2015，31（23）：214-221.

［3］徐桂芳，陈宽维. 中国家禽地方品种资源图谱［M］. 北京：中国农业出版社，2003.

［4］郑长山，谷子林. 规模化生态蛋鸡养殖技术［M］. 北京：中国农业大学出版社，2013.

［5］李慧芳，章双杰，赵宝华. 蛋鸡优良品种与高效养殖配套技术［M］. 北京：金盾出版社，2015.

［6］刘月琴，张英杰. 新编蛋鸡饲料配方600例［M］. 北京：化学工业出版社，2009.

［7］谷凤柱，刁有江，刘晓曦. 蛋鸡疾病诊治彩色图谱［M］. 北京：机械工业出版社，2018.

［8］陈鹏举，尹仁福，张宜娜，等. 禽病诊治原色图谱［M］. 郑州：河南科学技术出版社，2017.